元素的故事

〔苏联〕依·尼查叶夫　著
小袋鼠工作室　编译

黑龙江科学技术出版社

图书在版编目（CIP）数据

元素的故事／（苏联）依·尼查叶夫著；小袋鼠工作
室编译. —哈尔滨：黑龙江科学技术出版社，2019.3
（2020.7重印）
ISBN 978-7-5388-9421-9

Ⅰ.①元…　Ⅱ.①依…②小…　Ⅲ.①化学元素—青
少年读物　Ⅳ.①O611-49

中国版本图书馆 CIP 数据核字（2017）第 278498 号

元素的故事

YUANSU DE GUSHI

作　　者	［苏联］依·尼查叶夫
编　　译	小袋鼠工作室
项目总监	薛方闻
策划编辑	孙　勃　赵　铮
责任编辑	孙　勃　刘　杨
封面设计	新华环宇教育科技有限公司
出　　版	黑龙江科学技术出版社
	地址：哈尔滨市南岗区公安街 70-2 号　邮编：150001
	电话：（0451）53642106　传真：（0451）53642143
	网址：www.lkcbs.cn
发　　行	全国新华书店
印　　刷	北京市通州兴龙印刷厂
开　　本	787 mm×1092 mm　1/16
印　　张	7
彩　　插	7
字　　数	120 千字
版　　次	2019 年 3 月第 1 版
印　　次	2020 年 7 月第 9 次印刷
书　　号	ISBN 978-7-5388-9421-9
定　　价	26.00 元

目录　Contents

1. 宇宙中万物的组成

大家知道地球和太阳是由什么物质组成的吗？我们住的房屋、使用的机器以及花花草草、人体，又是由哪些成分组成的呢？向四周随便看看，会很轻松地发现许多种不同的物体。就以这本书为例，它是使用纸、硬纸板、油墨和糨糊等许许多多的东西制成的。看书的桌子，大家都知道是用木料制成的，木料上有油漆，还有把木料黏合在一起的木工胶。房屋边角处，经常有取暖用的暖气，它是由生铁制作而成的。摸摸墙壁，我们知道上面有白灰，白灰的后面是用砖砌筑成的。在我们的房间里，窗和灯都是由玻璃制成的，连接电灯的电线上有铜和橡胶，灯泡的灯座通常是由瓷做成的。钢笔的笔尖是钢，钢笔还要使用各种颜色的颜料做成不同的颜色，等等。你走在大街上，会发现很多新奇的东西。在工厂车间里面，新物品更是不计其数。无论是在森林里、山顶上，还是在海底下，你都可以发现很多前所未见的新事物。有活的，有死的，如果要计算一下各种不同的物体的种类数目，就算没有上亿个，也有百万甚至千万种。就拿宝石举例，在我们的地球上就有几百种之多。矿石和树木有上千种，天然颜料和人造颜料有上万种。

物质的种类数不胜数，它们本身的性质也是有很大差距的！有的是硬得难以想象，有的软得经不起婴儿小手一捏。有的香甜可口，有的辣得要命。气温到了 −250℃，有的物质并不冻结，依然保持液体状态；又有些物质在高温状态下不会熔化，就算送进火炉中灼烧，依然保持坚硬。还有一些物质，稳定性非常好，外界环境不会改变它的性质；又有些物质，特别容易自燃，升华消失。

自然界中存在着能量守恒定律。世界上的物质每一天都在变化着。当有一批物质消失了，就会有另一批物质出现来替代它们。

仅仅从表面上看，物质一刻不停地变化着，似乎并没有什么规律和秩序，看上去真的是一片混乱，事实并不是这样的。人们在很早以前就发现了自然界中各种各样的物质外表虽然千差万别，但是内在的构成物质是有规律的。科学家已经证实，物质中会含有相同的组成部分，人们把化学上不能再分解成更简单的物质叫作元素。

物质虽然很多，可是组成物质的元素确实很少。由于元素的组成方式不同，地球上的物质才会那么繁多。

元素组成物质好比乐符组成乐章，道理是一样的。几个乐符组合能演奏出优美的乐曲，同样元素也能组成无数种物质。

元素的种类虽然不多，但是其发现的过程是漫长的。其中有很多元素，古人虽然知道它们的存在，但经历了好几个世纪才认清这些元素究竟是什么。还有一些元素并不是生活中经常能遇到和见到的，结果，几经周折才确认它们的存在。

在过去的几百年的时间里，科学家们为了找到相应的元素可以说是历尽艰苦，费尽周折，付出了很多的劳动与汗水，自然也出现了很多有智慧又勤劳的科学家。现在让我们用讲故事的方式，带你进入元素的世界。

2. 药店中的学徒——卡尔·舍勒

在 18 世纪后期，瑞典出现了一个名叫卡尔·舍勒的青年药剂师。他很勤奋，能吃苦，他的成功经历是比较坎坷的，刚开始他只是个学徒，由于勤奋努力，工作认真，一段时间后就升为了实验员，无论是当学徒还是当实验员，他的勤奋一直感动着他的东家。

舍勒每天的工作是配制丸药、水药还有膏药。可是他对工作的标准是高于东家要求的。每天他把药配完后，要找一个安静的角落，或干脆就着窗台坐下来，进行捣碎、蒸发和蒸馏等各种化学物质的研究实验。他把实验室当成了自己的家，白天晚上都不离开。一有时间，他就研究那些甚至是经验丰富的药剂师都很难读懂的古老的化学书籍。如果不是因为一次意外的实验爆炸，他的东家对于这位勤劳认真负责的实验员还是很喜爱的。

他的手上留有被酸性或者碱性物质所腐蚀的痕迹。每当他闻到实验室里浓烈的有些刺激的气味时，他的心里是那么的痛快。甚至连大多数人都讨厌的硫黄燃烧所发出的刺鼻的气味或浓硝酸挥发出的令人窒息的蒸气，他闻到都显得异常兴奋。

记得有一次，舍勒发现了一种带有苦杏仁气味的东西，他用闻蒸气的方法，想要知道它到底是什么物质。仅仅靠闻还不过瘾，他想知道这种物质是什么滋味的，于是用嘴尝了起来，感觉到一股极辣的味道。类似这样的实验，现代人怕是没有几个有勇气去做了。现在人们知道那苦杏仁味的化合物就是氢氰酸，世界公认的剧毒物质。还好，天佑善人，这位化学家只是尝了极少的一滴。

无知者无畏，如果当时舍勒知道他尝的东西是剧毒物质，他还有勇气去品尝吗？我想，他在有品尝味道的想法时一定会考虑到未知物质的毒性，为了发现还不知道的化学物质和元素，他忍不住还是要尝一尝。舍勒心里清楚，在他的世界中，最大的快乐就是发现未知的物质和已知物质的性质，因此他会用能想到的各种方法做实验，像中国古代有神农尝百草，都是有这种奉献和探索精神的支持。每次做完实验，等待实验结果时，舍勒虽然焦急，但也不会失去理智。

他在给朋友的信中说："作为一名研究工作者的最大幸福就是能够找到他所想找的东西，当这种幸福实现的时候是多么愉快啊！"

舍勒一个人埋头苦干，不停地追求他想要的幸福。皇天不负有心人，他得到过很多次幸福。他没有读过中学和大学，更没有拜过任何老师，他凭借着努力学习，甚至连实验所用到的简单的仪器，都是他自己用药罐、玻璃的曲颈瓶及牛尿泡做成的。他心中有幸福的目标并且不停地追求着，任何困难都难不倒他，他很快乐。

十四岁，对于现代的孩子来说正是上学的年纪，对于舍勒，正是他在包赫开的药店里当学徒的开始。他当选瑞典科学院的院士是十九年后的事了，身为院士的他还是在一家药店做一名普通实验员，和少年时代的他一样，会把自己的薪水中的大部分花费在购买书籍和化学试剂上。

舍勒天生是个化学家。和现在的化学家们一样，他一门心思想知道在人们生活的环境中的物体究竟是由什么物质或什么元素组成的。凭借工作多年总结的经验，他心里清楚，如果不能真正地懂得火焰的真实性质，对于上述问题就不能得到真正的答案，道理很简单，不用火加热的化学实验是很少的。

于是，舍勒开始认真研究火焰的化学和物理性质，在一系列的现象中，物质在空气中燃烧的现象是值得思考和研究的。在他读到的化学书籍中，只是提到过一点点关于这一类的知识，那点儿知识是不能满足他的研究需要的。

在舍勒生活年代的一百年前，英国化学家、物理学家玻意耳等曾经证明过蜡烛、煤炭等物体的燃烧，都只能在有充足空气的环境中进行。

举个例子来说明一下，如果在燃烧的蜡烛上面盖一个玻璃罩的话，蜡烛只会燃烧一小会儿，这是常识。要是把玻璃罩里的空气都抽掉，让罩内处于真空状态，蜡烛就不会燃烧。生活中，铁匠的炉子要用风箱送风，让炉子内进入大量的空气，使火焰燃烧得更旺，也是这个道理。

可是你可曾想过为什么会出现这种现象呢？那个时候人们都知道这是生活

常识，可是没有什么解释说明能够说服人们。

舍勒自然对火焰比较感兴趣，他要弄清楚这其中的原因，于是用很多种物质来做燃烧实验。

舍勒认为：容器是密闭的，里面的空气量是有限的，容器密封，外界的空气不能对里面造成干扰。如果空气在燃烧等一系列的化学变化中发生改变，在密闭的容器内的任何变化都是能够知道的。

在那个时候，人们认为空气是由一种元素组成的单质，开始做实验的舍勒也不例外，不过经过了一系列的实验，舍勒改变了这种传统的想法。

3. 火怎么就灭了

一日深夜，舍勒和往常一样在药店的实验室里做实验。

深夜中的药店死一般寂静。药店打烊，大门关好了，东家也因为忙碌了一天睡了。此时此刻正是舍勒陪着烧瓶和曲颈瓶的最好的时间。

他用一个装满水的大罐子，把一块黄色的蜡状物体沉入水底。昏暗的灯光下，水和那黄色的蜡状物体反射出神秘的浅绿的光芒。

原来那蜡状物体就是磷。这种磷是只能保存在水里的。原因是在空气中，这种蜡状的磷会很快发生化学反应，失去原本应有的性质。

舍勒用小刀在水中割下一小块磷，准备研究一下它的性质。他迅速地把割下来的一小块磷放进空烧瓶里，之后塞上瓶塞，然后再把烧瓶放到一根燃烧正旺的蜡烛前面。

烧瓶刚刚接触到火焰的温度，瓶内的磷就熔化了，在烧瓶内摊成一片。也就是过了一秒钟的时间吧，这一小块磷就爆发出了明亮耀眼的火焰，烧瓶里立刻烟雾弥漫，没多大一会儿，这似雾似烟的东西就在瓶壁上结成像白霜一样的物质。

这个过程转瞬即逝，磷完全燃烧后变成了磷酸，这是化学反应。

如果是第一次做这个实验出现这种现象的话会很震惊，舍勒对这种现象却习以为常。磷燃烧，这一系列的现象舍勒已经看过好多次了。现在能勾起他兴趣的已经不是磷本身了，他想知道的是磷在烧瓶中究竟发生了什么化学反应才出现这个奇怪的现象，还有磷为什么只能保存在水里。

燃烧磷的烧瓶刚刚冷却，舍勒马上将烧瓶瓶口朝下没入一盆水中，之后把瓶塞拔去。这个时候，出现了一个以前没有见过的奇怪的现象：盆里的水自然会从下而上涌进瓶中，这是意料之中，可是这水却只填充了烧瓶总体积的五分之一。

"问题又来了！"舍勒自言自语道，"这瓶中五分之一的空气去哪了？五分之一的空气没有了，现在由涌进来的水把它填满……"

好奇怪啊！无论什么东西放在这密闭的容器里燃烧，都会出现这个现象，容器内的空气总会因为燃烧而缺少五分之一，现在磷烧完了也是这样：磷燃烧变成了磷酸，磷酸也全部留在容器内，怎么空气就少了呢？按理说这个过程应该是符合能量守恒啊。

烧瓶用塞子塞得很严密，空气是怎么消失的？磷燃烧实验做完，烧瓶慢慢冷却了，舍勒正在准备着下一个实验。这次他决定在密闭的烧瓶中燃烧另外一种物质——金属在酸溶液中溶解而产生的气体。

金属溶于酸中，几分钟后就收集好了气体。舍勒把一部分铁屑倒入小瓶中，之后往瓶内加适量的稀硫酸溶液。他在盖在小瓶口的软木塞上打个孔，在孔上插上适当长度的玻璃管。倒入硫酸，塞上盖子。瓶里的铁屑因为酸腐蚀而发出吱吱的响声，液体也开始有沸腾现象，冒出泛着银色光芒的气泡。

舍勒将一根蜡烛在玻璃管的另一端点燃，瓶内的气体由玻璃管冲出遇火燃烧，火焰像是一条白色的火舌。

紧接着，舍勒把装铁屑和硫酸的小瓶放进一个很深的装有很多水的玻璃缸里，玻璃管露在水面上，又拿一只空烧瓶罩在火焰上。烧瓶的瓶口浸在水里，这

舍勒在做实验

是为了让烧瓶外面的空气和烧瓶内部的空气分离，气体在空的烧瓶里燃烧着。火焰刚被烧瓶罩上，玻璃缸里的水马上就涌进烧瓶内部。

腐蚀铁屑发出的气体在烧瓶内燃烧着，水缸里的水也不断地涌进烧瓶内。随着水面越升越高，燃烧的火焰也越来越暗。最后，气体不燃烧，火焰消失了。

就在这个时候，舍勒又看到涌入瓶中的水只占烧瓶体积的五分之一左右的奇怪现象。

"每次都有这种现象发生，那好，"他想，"不知道是什么原因，空气会在燃烧的过程中逐渐减少。可是，似乎消失的只是一小部分气体，还有大部分的气体存在？铁屑依旧发出吱吱的响声，放出的气体还够燃烧好久啊。我若拿掉烧瓶，在空气中重新点燃，还是会燃烧的。可是，在这个烧瓶里面，怎么就这样熄灭了呢？烧瓶里还有五分之四的空气啊？"

最近这些日子，舍勒心中总会出现模糊的疑问，此时在他的脑海里突然闪现了一下：

"这是不是说，烧瓶内剩下的五分之四的空气和消失的那五分之一的空气有着完全不同的性质？"

为了验证这一假想，舍勒想马上进行几种新的实验。大钟响了两下，他抬头一看，只能叹气。现在已经到了凌晨，明天一大早，他还有配药的工作。

舍勒无奈地、不舍地吹灭了蜡烛，走出实验室。今天他假想：空气中有两种不同的气体，这两种气体是什么呢？有多大差异？想着想着他就进入了梦乡。

4．"死空气"与"活空气"

第二天，配药的工作刚刚完成，舍勒马上投入到验证自己想法的实验中。

他查阅了以往实验研究燃烧和火焰所有的笔记记录，又做了几个新的实验。之后他就开始对烧瓶中燃烧物质所剩下的空气专心致志地研究起来。

难道这剩下的空气是死的？对于燃烧一点作用都没有？

怎么什么东西都不能在这剩下的气体中燃烧呢？点燃的蜡烛会熄灭，就像被未知的隐身人吹灭一样。火红炽热的炭会熄灭。燃着的小木棍放进去也会立即灭掉，像浇水后熄灭得一样迅速。甚至在空气中不能够保存的磷，把它放在这种空气中也不能燃烧。把老鼠放在装有这种空气的罐里，老鼠会立刻窒息而死。然而这种空气也是透明、无臭、无味，看起来和普通空气是一样的。

现在舍勒完全弄明白了。原来我们周围的普通空气不是自古以来人们想象的那样，绝不是什么元素。也就是说空气不是单质，它是由两种不同的气体混合而成。在两种成分中，其中一种有助于燃烧，可是经过燃烧后会不知去向；而另一种对火不起助燃作用的气体所占的比例较大,这也就是燃烧过后所剩下来的气体。如果空气中只是含这种不助燃的一种气体的话，在世上无论是什么东西、在什么温度下，都不会有一丁点小火花出现。

这个发现使舍勒兴奋的当然不是空气中那"死"的不能助燃的部分，而是它那"活"的可以让物体燃烧的气体，他要弄明白燃烧过后失踪的气体去了哪里。

"我要想办法把有用的空气和无用的空气分离开。"他想，"只有将这两种空气分离，我才能够研究出有用的空气的性质。"

他想起了以前多次观察到用坩埚做硝石（制黑火药的原料）的熔化实验，烟臭的细小粉末飞过加热坩埚上方的时候，会出现意外的突然着火的现象。

现在想来，这些细末为什么在沸腾的硝石上方会容易着火？难道从加热的硝石里冒出的气体正是空气中起到助燃作用的那一部分？我能不能用这种方法制作出这种"活空气"呢？

有了想法的舍勒在接下来的时间里，开始专心研究硝石。药店东家看着他每天这样疯狂忙碌地做实验有些提心吊胆，内心思忖："这勤劳的小伙子不会哪一天把我这小铺子炸到空中吧？硝石和火药有什么区别啊！"

事态的发展是完全出乎东家意料的。

有一天，药店东家正在向来到店里的一位挑剔的顾客介绍店里的芥子膏，夸自己的药品质量如何如何好的时候，舍勒突然从实验室里冲出来，见他摇着一只空瓶子近乎疯狂地大喊道：

"火焰空气！火焰空气！我找到火焰空气啦！"

"怎么回事啊！你发什么疯？"东家也喊起来。

在东家的印象里舍勒平日一向很冷静。见他如此激动，心里清楚一定是出了什么事。

"火焰空气，这是火焰空气。"舍勒拍着他那空瓶又说了一遍，"跟我来，看看那神奇的一刻。"

舍勒边说边把惊奇的东家和店里的那个顾客一同拉进了实验室。见他拿把勺子从炉子里舀出了几块即将燃烧殆尽的炭，然后迅速移开手中瓶子的瓶盖，把炭扔进了瓶里。

只见那几块炭进入瓶中的一刹那就迸发出强烈的白色火焰。

"这就是火焰空气！"舍勒得意扬扬地说。

东家和顾客都惊呆了，更多的是莫名其妙地看着眼前。舍勒接着找来了一根细柴，把它点着，马上吹熄，和先前一样把它塞进另一只盛着所谓的"火焰空气"的瓶子里。

这一次，看到已经熄灭了的火，马上又重新燃烧起来。

"你这是表演魔术？"莫名其妙的顾客弱弱地问，他不敢相信自己的眼睛。"你那个瓶子里不是空的吗？你是怎么做到的？"

兴奋的舍勒想了想，向他解释道："这个瓶里有种气体，暂时把它叫'火焰空气'，是我从蒸馏硝石中得来的。在我们身边接触到的普通空气中，这种'火焰空气'仅仅占五分之一的体积。"

顾客眨眨眼睛，听不懂是自然的了。东家庄重地说：

"舍勒，我要批评你，你这是在胡说吗？谁说的空气里除了空气以外，还有什么别的气体？自古以来我们都知道哪里的空气都是一个样子。不过，话说回来，你刚才用细柴变的魔术倒是很有意思。再变一次给我看看！"

舍勒轻车熟路地又一次把将灭的细柴放在瓶中，意料之中这个快灭掉的细柴再次发出强烈的火光，可是他的解释实在不能让东家打破传统的想法。"空气是单一而不变的四大元素之一"这是人们早已经熟悉的常识了。要让包括东家在内的世人一下子改变几百年的想法还是有些困难的。

说句实话，当舍勒发现空气是由"无用空气"和"火焰空气"两种性质截然相反的气体组成的时候，连他自己也是不能接受的。

经过多次实验，舍勒不再怀疑自己的假设。舍勒用1份"硝石气"和4份"无用空气"人工模拟普通的空气环境。在这人工的空气里，蜡烛会燃烧，只是燃烧得不是那么耀眼，把老鼠放在其中，也平静地呼吸着，和我们见到的野生老鼠一样地呼吸着。顺利做完这几个实验，舍勒就不再怀疑空气是由两种气体组成的假设了。

勤劳的舍勒很快就找到了制备这种助燃的纯"火焰空气"的最简单方法——对硝石加热，收集气体。

舍勒把干硝石放进一个玻璃曲颈瓶里，之后把曲颈瓶放在火炉上加热，硝石慢慢地熔化了，接着他就在瓶颈上绑上一个挤得很干净的空的牛尿泡。牛尿泡像气球一样一点一点胀大——这是从瓶内冒出的"火焰空气"在慢慢地将牛尿泡填满。填充得差不多了，舍勒用熟练的手法把牛尿泡里的气体移入玻璃缸、玻璃杯、烧瓶等容器内，准备储藏起来，需要的时候使用。

随着实验的成功，舍勒又找到了几种其他的方法来制备这种"火焰空气"，如用水银的氧化物来做原料。水银比较贵，相比之下还是用硝石比较经济，这也是舍勒在以后的实验中大多数采用硝石来制备这种气体的原因。

这个新发现把他的心完完全全吸引了。接下来的这段时间里，舍勒每天最快乐的事就是研究各种物质在这纯"火焰空气"中燃烧的现象。通过实验发现，物质在这种纯的气体中都燃烧很快，放出的光比在普通空气里燃烧亮得多。他发现，容器里的"火焰空气"在燃烧中会全部失掉，不像物体在空气中燃烧还要剩下五分之四的气体。

这种现象在把磷放在盛满了"火焰空气"的密闭的烧瓶中燃烧时特别明显，磷在瓶中燃烧的火焰亮得刺目。等烧瓶冷却，舍勒像往常一样拿起它，打算将它放进水里，没想到意外出现了，一声霹雳，震得他耳朵都要聋了，手里的烧瓶也被炸成碎片。

幸运的是他没有受伤，吃惊过后马上恢复了镇静，这是怎么回事？全部"火焰空气"都在燃烧中消耗没了，瓶内处于真空状态。因此，烧瓶是被外界的大气压压碎的，和铁钳夹碎空胡桃壳一样。

有了上一次的经验，舍勒再做这个实验时就很小心了。他这次选了一个瓶壁很厚、完全能经得住大气的压力、看起来非常结实的烧瓶来放磷。等到磷完全烧没，瓶子冷却时，舍勒把瓶口浸入水中，目的是想知道瓶内的"火焰空气"还剩多少。可是瓶塞无论多么用力都拔不出来了。很明显，瓶里已经是真空状态了，大气压力还是比较大的，这惊人的力量把瓶塞紧紧压在瓶颈上。

既然无法拔出塞子，那就把它往瓶里推吧，很轻易地办到了。塞子刚刚被推入瓶内的瞬间，盆里的水马上涌入瓶中，把整个瓶子填得满满的。

这一次，他可以下结论："火焰空气"会在燃烧中完全被消耗。

舍勒又好奇这气体是什么味道呢？把鼻子凑到牛尿泡口上，吸进了这"火焰空气"闻闻。和平时呼吸到的普通空气一样，没有什么不同。我们今天都知道，在"火焰空气"中呼吸，比在空气中更加容易。现代，人们已经把这个当时被叫作"火焰空气"的气体用来给重病人及将死的人呼吸。只是这"火焰空气"已经有了一个很好听的名字，叫作氧气。

5. 不可捉摸的燃素

舍勒原本想破解出神秘的火的谜团，没想到却意外地发现空气不是由一种元素组成的单质，而是由两种气体组成的混合物。他给这两种气体分别取名叫"火焰空气"和"无用空气"。

这是舍勒最重要的一项发现。

可是这不是他的目的啊！对于火的真正性质他还是不清楚，他要弄明白燃烧究竟是怎么回事，还有燃烧时都发生了什么变化。

他发现了空气的秘密，可是对于火的秘密，他还不了解多少，仍旧是一个谜。

这罪过完全归咎于燃素学说。

原来在那个时候，在化学家中间广为流传着这样一种学说：一种物质只有在它含有很多种特殊的易燃物质——燃素时，才可以燃烧。

至于那个学说中的燃素究竟是什么东西，没有人能说清楚。于是有人想，燃素应该是气体，又有人说，燃素是看不见摸不到的，不能够把它分离出来，因为它是不能独立存在的，一辈子只能和别种物质结合在一起才能起作用。

很多人都在寻找探索着，有一些科学家曾经一度宣称自己已经把燃素分离出来了，可是自己的结论又不能解释生活现象，自己的疑惑越来越重，只得宣布道歉："对不起，我们原先分离出来的以为就是燃素的东西，竟然和燃烧无关，完全不是燃素。"

人们不知道这传说中的燃素是否有重量。这种神秘的东西是那么不可捉摸，就像幽灵般无法找到。只是那个时候的化学家是坚信燃素的存在的。

是什么原因才让他们有这么坚定的信念的呢？

这就要想到日常生活中的现象，无论是谁观察任何物体的燃烧，给人的第一感觉就是物体损坏了，消失了，变成和原来完全不一样的了。这好像有什么东西消失了，从燃烧物中同火焰一起跑了，最后剩下的只是一堆灰烬、皮屑或者酸。燃烧就像是把这种幽灵般的、难以捉摸的火"精"从燃烧物中赶出去，进而原先的物体被消灭了。

因此，人们从这一系列的现象中断定：燃烧就是把可燃物分解成十分特殊的火的元素——燃素，当然还有别的成分。

例如煤燃烧时，化学家的解释：

"煤中的燃素，都被赶到空气中去了，最后也就只剩下灰。"

磷燃烧发出明亮的火焰而变成干的磷酸时，当时化学家的解释是：磷在燃烧时被分解成了它原有的组成部分，也就是燃素和磷酸。

哪怕是金属烧红或因为受潮而生锈了，化学家也能把燃素拿出来解释：

"燃素被赶跑了，发亮的金属自然就不见了，只剩下锈或金属屑。"

生活在 17 世纪的化学家们，利用燃素学说解释很多看似离奇、无法解释的自然现象和工业技术现象还算说得通，能说服大多数人。人的认识过程就是这样，燃素说在以往很长的一段时期里能够解释一些无法解释的化学现象，因此，化学家自然坚信燃素说是正确的。

起初舍勒也不例外，是燃素说的拥护者，在每一次的实验中都会尽力思考燃素在其中发生了什么变化。

就在舍勒发现"火焰空气"的现象时，他更自信地说：

"这种空气看起来燃素很喜欢啊。燃烧时刻准备着夺取任何一种易燃物质中的燃素。那么多的物质可以迅速地在'火焰空气'中燃烧，也就是这个道理了。"

那么空气中的"无用空气"呢？舍勒解释说，它不喜欢和燃素相结合呗，这也就是无论是什么物体，什么火都不能在其中燃烧或者燃烧的火会马上熄灭的原因。

这种说法合乎情理，但是还有很多谜团并没有解释清楚。

试想一下，舍勒做的燃烧实验中，"火焰空气"会从密闭的容器中完全消失。无论它是不是和燃素一起的，事实上，"火焰空气"是一定会消失得无影无踪。

消失了，那它去了哪里？容器是密闭的，难道也能逃走不成？

这个哑谜让舍勒绞尽脑汁，但他还是想出了一个近乎合理的解释：物体在燃烧时，燃素从它身体里面析出之后和"火焰空气"化合，这种看不见摸不着的化合物很容易挥发，甚至可以悄无声息地渗透玻璃，就像水轻松渗过筛子一样。

就像童话中的幽灵能够随便穿过石壁和关闭的门……

你看，这就是不敢怀疑先人，过分相信燃素存在的结果，舍勒离重大发现只差一步。

其实只要从燃素学说中跳出来仔细地分析一下，他一定能找到"火焰空气"的去向。这个燃烧之谜，舍勒虽然很勤奋很有才干，到最后还是没能解开。

长江后浪推前浪，18世纪的另一位伟大化学家、法国人拉瓦锡通过一系列的事实将燃素学说彻底推翻。

没想到只要燃素学说一垮台，当时"火焰空气"神秘失踪的疑惑，以及许多别的无法合理解释的奇怪现象，一切对燃烧的疑惑都能很自然地解释，火焰、燃烧也就不再神秘了。

6. 拉瓦锡和他的盟友

值得一提的是，有三位科学家差不多同时发现"火焰空气"的存在。

舍勒发现最早。一两年后，对舍勒的工作一无所知的英国自然科学家普里斯特利（还发现了许多气体：CO_2、NH_3、HCl）也发现了燃烧中的"火焰空气"的存在。

又过了几个月的时间，拉瓦锡听说普里斯特利有种气体，能使蜡烛燃烧得更亮。他就是根据自己所知道的这么一点信息，发现了空气的组成。

发现"火焰空气"的三个人中只有拉瓦锡对这种气体的作用有了正确的认识。

这主要归功于拉瓦锡的一个得力盟友在他的实验中给了他很大的帮助。

当然，舍勒和普里斯特利也是有盟友的，不过他们遇到什么问题不经常向盟友请教，也不重视盟友的建议。

盟友不只是人，拉瓦锡最主要的盟友是天平。

在进行实验之初，拉瓦锡会用天平把那些进入化学变化的物质都仔细地称量，在实验结束后，还要再称一称。

他边称量边思考：

"哪种物质的重量减少或者消失了，可是会有其他的物质加重了，这是不是告诉我，第一种物质失去了什么东西而合成了第二种物质呢？"天平的使用验证了拉瓦锡对于燃烧的假说。

通过天平，他知道了"火焰空气"（拉瓦锡叫它"活空气"）在燃烧的整个过程中跑到哪里去了。

天平告诉他物质有的是复合的，有的是简单组成的。除此之外，还有许多实验，拉瓦锡都是通过使用天平才弄明白的。

拉瓦锡在做实验

　　和舍勒做的实验一样，拉瓦锡也试过把磷放在密闭的烧瓶里燃烧来研究。也有过缺少五分之一空气的疑问。不同的是，拉瓦锡面对这个谜团的时候方向很明确，这主要是天平给了他一个合理的回答。

　　在磷燃烧前，称一下磷块的质量。在密闭的烧瓶中烧完，他再称量烧瓶里剩下的全部干的磷酸的质量。

　　这前后哪个更重呢：是磷？还是磷燃烧后剩下的物质？

　　舍勒和当时的化学家因为没有看天平，想当然地认为：

　　"一定是磷比经燃烧以后得到的磷酸轻，原因很简单，磷在燃烧中被彻底毁灭；燃素从它那里消失了。就算我们忽略燃素的重量，磷酸和磷相比还是磷重。"

　　天平所证明的却和这个想法截然相反。

　　经过天平在燃烧前后的精准称量，告诉了世人沉积在瓶壁上的白霜比燃烧前的磷更重。

　　这简直不可思议：把水壶里的水倒掉，壶反而加重了，这太荒谬了。

　　那么请问，你说磷酸重，那它多出的重量是哪来的？

　　"额外的重量来自空气！"拉瓦锡解释，"先前大家先入为主，认为减少的空气消失了或者跑出了瓶子，其实它是在磷燃烧的化学反应中合成了新的物质磷酸。"

现在"火焰空气"失踪的谜团被轻而易举地破解了！关于燃烧的其他疑问也都可以解释了。

拉瓦锡心里清楚，关于磷的燃烧并不是一个个例。他燃烧每一种物质，或者研究金属为什么会生锈，都是相同的道理。

对于他的假说，他做的实验就是最有力的证据。

把一小块锡放在密封严实的容器里，让瓶内物质和外界分离开。然后用凸透镜折射阳光照在锡块上，太阳光聚焦，锡块慢慢熔化之后会生锈，最后变成酥松的灰白色粉末。

在实验之前，拉瓦锡把密闭容器里的锡和空气都仔细称量过。实验完毕后，他把瓶子里剩下的空气和锡末又称一次。

实验结果：锡末增加的重量和空气失去的重量相等。

密闭容器与外界空气隔离，也就是说，外面任何物质，除了日光，都不能跑进那容器里。由此可知在容器里面，只有空气和锡块。锡变成了粉末之后却加重了，这是为什么呢？

我们可以认为锡变成粉末的过程中，锡跟空气中的那个神秘的组成部分——"火焰空气"或"活空气"产生反应而得到另一种化合物。

控制变量法最有说服力，那么就用装满了"活空气"的密闭容器，燃烧纯净的木炭来做实验。实验结果：木炭烧没了，只剩下了少得不易察觉的木炭灰。用天平称一下，容器中的空气加重了，而且这加重部分的分量恰好等于烧掉的木炭的分量。由此可见炭在燃烧中并没有消失，而是和"活空气"反应变成了一种新的物质。这种物质是气体，也就是空气中加重的那部分，拉瓦锡给它起了个名字叫碳酸气。

当拉瓦锡公布了他的实验过程和自己得到的实验结论后，一时间几乎所有的化学家都不同意他的看法，甚至是抨击他。

"胡说八道，"部分专家说，"你说物体燃烧或金属生锈，这么复杂的过程并没有把它毁灭？自己本身的成分没有分解？相反，'活空气'结合到自己的成分里了？"

"说得好！"他们说，"按照拉瓦锡的说法，千百年一致公认的燃素没有任何作用？""我不知道你们所说的燃素是什么，"拉瓦锡回答，"我们都没见过燃素，也没有证据证明燃素的存在，用天平也没有称出燃素的重量。我是用纯净的易燃物，例如磷，或纯金属，例如锡，在密闭的容器里做燃烧实验。在密闭容器里面，除了'活空气'以外，没有其他物质。实验结果，易燃物和'活空气'莫名其妙地不见了，得到的是一种新的物质，干的磷酸和锡粉，就是这样。用天平再称一下，得到新物质的重量就是易燃物和'活空气'加在一起的重量。这样的结果只能得出一条结论：物体燃烧的实质是易燃物和'活空气'化合成一种新物质。这就像2+2=4一样简单明了。至于那传说中的燃素和这有什么关系？我想这里只要没有燃素就是很清楚的，把它加进来大家都糊涂了。"

拉瓦锡这段话，在科学界引发了一场地震。

几百年来化学家都相信燃素在燃烧中的作用，现在有人宣称燃素并不存在，消息来得太突然，有些不能接受。还有，拉瓦锡说燃烧过程中燃烧物并没有被毁灭或者分解，而是物质把"活空气"和自己结合成新的物质，这种想法，大家觉得很荒诞，火具备的毁灭能力大家从小就见过，怎么他要一反常理呢？

大家对于拉瓦锡的结论更多的是嘲笑。后来，人们为了坚守传统的说法开始挑剔指责拉瓦锡工作中的缺点，不是说他实验方法有问题，就说天平称量得不准确。

事实是不会被篡改的。拉瓦锡用一个比一个新颖、一个比一个有说服力的实验向燃素学说发起挑战。紧接着他又提出了一连串人人都可以检查的新事实来证明他的观点才是正确的。

在一个个具有说服力的事实面前，人们开始怀疑前辈们传说中的燃素学说而慢慢接受拉瓦锡的观点。还有一些固执的化学家为了维护传统的观点，试用了很多的方法来说明燃素和实验间的矛盾现象。他们想证明拉瓦锡是错的，他们苦苦地提出多种复杂到自己都费解的理论，甚至捏造了几十种不能令人信服的假说。

　　最终，拉瓦锡在事实面前自然是占了上风。燃素学说的坚持者也不得不信服拉瓦锡的说法，心悦诚服地宣称："燃素困扰了我们这么多年，拉瓦锡的解释没错。"

　　就这样，到了18世纪末期，燃素学说的错误已经公布于众了。

7. 元素名单的刷新

随着"火焰空气"或者说是"活空气"的发现，以及燃素学说的垮台，整个化学领域发生了翻天覆地的变化。人们开始开拓思维和实验方法，这是一场化学界的革命。人们也开始认真研究我们所生活的世界里的物质究竟是由哪些元素组成的。

究竟哪一种物质更复杂？是磷？还是磷酸？是碳？还是碳酸？是金属？还是金属燃烧后的灰烬？

按照以前的看法："磷比磷酸更复杂，金属比金属变成的粉末更复杂。道理很简单，磷是由燃素和磷酸两种物质组成，锡里面也包含燃素和锡粉。以此类推。"

如今燃素没有了，实验得出物质燃烧或生锈（氧化）时，前前后后并没有失去什么东西，相反"火焰空气"加入反应物本身。就这样原有的观念被颠覆了。

事实告诉我们干的磷酸是一种化合物，磷是一种元素，磷酸也是由磷和"火焰空气"经过化合而得到的，而磷这种元素却不能分解成其他物质。

同理，纯碳是元素，而作为化合物的碳酸再也不是元素。

那么金属呢，拉瓦锡正式宣布所有的金属都是由元素构成的，经过化学反应得到的金属粉末都是化合物。

除此之外，"火焰空气"和"无用空气"这个新的发现也出现在元素的名单里。拉瓦锡把"火焰空气"叫酸素（现在叫氧），因为它能和几种物质化合成酸而得名。例如，和磷化合成磷酸，和碳化合成碳酸，和硫化合成硫酸。把"无用空气"则命名为窒素（现在叫氮），这个名字在希腊文中的意思是没有生命。

那时，大家一致认为水是一种不可被分解的元素。科学家和哲学家们总要从空气和水开始列举元素。发现空气的复合性的过程，上文介绍过。这个发现以后，大概又过了十年，人们开始了对水的成分的研究。江山代有才人出，英国人卡文迪许（英国物理学家和化学家，测定了水和空气的成分）和法国化学家拉瓦锡相继证明水绝对不是元素，而是一种化合物。

水，我们生活中熟悉得不能再熟悉、普通得不能再普通的水，经过实验证明其竟然是由两种元素组成的，一种竟然是"活空气"或氧，一种是被拉瓦锡叫作水素的物质，这一发现自然也引起了世界的震惊。（水素就是金属溶解在酸里的时候析出来的那种最轻的易燃气体，现在叫作氢。）

于是水也和空气一样被踢出了元素的名单。

有了这些伟大的发现，拉瓦锡开始研究这个世界究竟有多少种元素，应该超过30种。按照拉瓦锡的想法，我们生活的世界里的不计其数的复杂的物体就是由这30多种元素组成的。

不过他对于这个元素名单中所列出的几种物质，也是有过怀疑的。

"它们目前还不能被分解，那就暂且把它们看作元素吧，"他承认，"有很多事实说明它们是化合物。我想未来的某一天后人会找到方法，会得出一个令人信服的结论。"

拉瓦锡的猜测和预言没过多久就成了事实，欲知后事如何，请看下文。

8.伏打电堆

在 19 世纪之初，意大利的两位科学家伽伐尼和伏打有了一个极其重要的发现。他们发现一个关于电的神奇现象：电可以在闭合的圈子里长时间地流动着。

伽伐尼是观察到这种现象的第一人，之后由伏打把这种现象用科学的方法正确地解释出来。勤奋细心的伏打还制出一个成功产生电流的装置。在 18 世纪剩下的最后几年，通过这些新的发现和发明，人类的科技史进入了一个新的时代。

伏打发明的那个发电的装置其实非常简单。

他用金属锌做成环，把它放在另一个用银或铜做的环上，或者直接放在一枚普通的钱币上，再将用硬纸片、皮革或者呢绒做成的环用盐水浸透，把它压在两个金属环上面。又在第三个环上再压个银环，银环上面再压上锌环，之后再把浸过盐水的皮革环压上。他十、二十、三十次地照样子往上压，顺序是先银后锌，最后是皮革。

就这样，压成了一根柱子，后人为了纪念伏打，叫它伏打电堆。

由金属环和非金属环有规律地简单拼砌起来的装置，能够生成持续不断的电流。

知晓原理后，伏打电堆的形式并不是唯一的——把原来的直柱式改制成横列式。将若干个(两个、十个都可以)装满盐水或稀酸的玻璃缸排成一行。在每一个玻璃缸的同一边放进一块铜片，另一边放进一块锌片。然后把每一个缸中的铜片和锌片有顺序地连起来，这样，原本分散的玻璃缸就变成了一个整体。

这样的一组缸做成的伏打电堆比用圆环制成的伏打电堆体积要大得多，作用也强许多。

这样的装置，生活在那个时候的人们，可以非常容易地自己做一个，来验证一下伽伐尼和伏打所发现的这种东西有多大的力量。因此，电被广泛地推广了，对于化学家们则又多了一种实验的方法。

电解水实验：

人们只要把这种伽伐尼式的电路接通，水就会很快地被分解成另外的成分。一端会出现我们非常熟悉的氢气，而另一端会被分解成舍勒的"火焰空气"，也就是今天的氧气。

新的发现不仅仅是有氢气和氧气的出现，把普通水电解后，在水中的一个电极附近会出现未知的酸性物质，而另一个电极附近又出现了不知怎么来的苛性碱。由此化学家们猜测，水通过电解不仅会被分解为它的组成元素——氧和氢，水中还会出现一种先前没有出现过的新物质。

与此同时，又有了新的发现：伏打电堆产生的电流通过金属盐的溶液时，有金属出现了。

举例说明一下，如果把铜钒溶解于水里，之后将其电解，一个电极很快镀上了一层红色的铜。铜的纯度极高，镀得也是非常均匀的。用同样的办法，可以很容易把银、金及其他金属从其水溶液中分离出来。

电流的优点很多，它可以没有火焰并且毫无声息，应用电流可以非常容易而又极其精确地搞出一些十分惊人的化学变化来。

关于电的实验的新消息连科学杂志编辑部也来不及及时刊登出来。这就像采金的人从四面八方涌向新发现的富饶的产金地区一样，科学家们潜心研究伏打电堆，都希望利用这件法宝能创造出无穷无尽的奇迹。

有了利剑再加上勤奋，长江后浪推前浪，英国的青年研究家戴维（英国化学家，用电解法制得了钠、钾、镁）很快就在众多的电化学家中声名鹊起。

9. 汉夫里·戴维的童年和少年时代

在伽伐尼教授第一次向世界公布他的新发现的那一年，戴维还是一个贪玩、淘气的小孩。

戴维对于学校里的功课不大喜欢。上课不认真听课，又是个非常淘气的孩子，自然就成了老师心目中的捣蛋学生。年少的他宁愿去河边钓鱼，或者拿着弹弓去森林里打鸟，也不喜欢花时间去背诵那枯燥的古罗马诗人的作品。

"唉，戴维啊！"老师柯里顿神甫怀着一种恨铁不成钢的心情说，"你就贪玩吧，这样玩下去，将来不会有什么出息的。"

戴维出生在一个叫作盘森斯的小城里，并在这个小城里度过了他的童年。这里交通闭塞，没有道路能直接到达英国各大城市。在以马作为主要交通工具的年代，要从这里去伦敦那么远的地方，其艰难程度是可以想象的；那时在小城里要是能见到一辆四轮马车，那就会和伦敦街头出现骆驼一样新奇。

外面世界所发生的事情，很少有能传到这里来的，就是能够传来那么一两件，也都是过时许久的旧闻了。话又说回来，生活在小城里的人，对外面世界的故事感兴趣的也不多。

角斗和打猎，还有斗鸡和酗酒是盘森斯市民主要的娱乐项目。这样的小城里还有什么能够引起孩子们对科学的兴趣呢？

戴维在十六岁之前，说他是个不折不扣的小淘气鬼一点也不为过。在一起长大的同龄人之间，他没事能诌几句歪诗并且擅长打野禽，至于其他方面，比如说科学知识，他也是同其他人一样，知识浅薄还很轻浮。

醒悟往往来自大灾大难以后，戴维也是如此。他的父亲是个老木匠，是戴维生命中最重要的人，少年戴维失去父亲以后，他的生活也发生了翻天覆地的变化。戴维是长子，他肩上的责任变得重大了。可是他没有能力承担起这个责任，无论是自己胡诌的诗，还是本来就很讨厌的拉丁文，抑或消遣娱乐的钓鱼竿，这些东西对于养家糊口来说毫无用处。

天无绝人之路，他被当地的波尔拉斯医生收留，在那里当了学徒。

那时的大多数医生都是不注重理论，专讲实践的，波尔拉斯也不例外。他没有在专门的医学院学习过，他治病的本领是他花费了许多年的工夫一点一滴积累得到的。学徒生活之初，戴维很好学，一有机会就向师父和东家请教如何看病，非常勤劳，是师父的得力助手。不久，戴维也开始独立行医了。也正是因为走上了这样的一条路，才成就了日后的伟大发现。那时候学医很平常，就像学习制鞋或钉马掌一样平常，没有什么稀奇的。

波尔拉斯给人治病的同时也给病人开一些自己制备的药品。这也就注定才开始学徒的小戴维需要帮忙研制各种各样的粉末，将盐类和各种药材溶解，蒸馏油酸。这样，他就在药店里第一次接触了化学。

他也学习了前人的经验，按照卡尔·舍勒的方法，开始是配制丸药和药水，慢慢地过渡到有些复杂的化学实验。不久，他就对奇妙的化学反应和现象产生了浓厚的兴趣。至于作诗和钓鱼，只是他生活中可有可无的消遣了。

自从小戴维来到波尔拉斯家中，夜里有时会有爆炸的声音，已经睡下的人难免被吓到，时间久了，大家慢慢也习惯了。新来的小学徒对于化学的疯狂让他一点一点地探索出化学科学的奥秘。

人类的求知过程总是从无到有，自己懂得越多，就越发现自己其实很无知，小戴维在这条路上也是，他知道自己学识浅薄，只有勤奋，他才有能力养家。他给自己制订了一份学习计划：自己至少要学会现代和古代的七种语言，从解剖学到哲学，要仔细研究各种学科。

对于一个十六岁还在发育的孩子来说，实现这个计划有点难度。戴维天资聪敏，对于新接触的学科总是理解得非常快。无论多厚的书，他都会一口气把它读完，而且读得津津有味。让人们感到吃惊的是，一本他从来没有读过的书，人们看他只是走马观花地浏览了一遍，他就已经知道书中的意思了。

士别三日当刮目相看，戴维再也不是老师心目中的那个顽皮的学生了。因为自己也读了不少的书，他也和盘森斯城内外的一些有学问的人谈论起学问了，更多的是交流一下实践经验。

他一时声名鹊起，盘森斯境外也有人知道他的大名。1798 年，二十岁的戴维应邀到布里斯耳，进入气体力学院工作。那时，气体力学院在贝杜斯教授的领导下正在做氮、氢、氧及其他几种发现不久的气体给人治病的实验。戴维对于科学的研究也没停止，他研究发现了一种能够像酒一样令人兴奋和陶醉的气体——笑气，这个发现让他的名字传遍了整个英国。

首都有这样一个学院，拥有"皇家"的称号，皇家称号和英国国王没有半点关系，它是一所由慈善家出面向富人们募集有限的捐款来维持的学院，这个皇家学院要聘任年轻的戴维，戴维感到无上光荣，他同意了。

将历史翻到 1802 年 2 月 16 日那一页，皇家学院的院董事会议记录中有这样一条：

"兹决定：聘请戴维来院任化学副教授、实验室主任和本院定期刊物的副主编。并批准给他在院内的住房、壁炉所需的煤炭、照明所需要的蜡烛，年俸一百个基尼。"

10. 在阿柏马里街的学院中

戴维进入皇家学院后，伦敦所谓的"上流社会"中一群游手好闲的人找到了消磨时光的新方法：去皇家学院听关于化学的演讲。

那时，英法两国开战。道路中断，纸醉金迷的巴黎是没有办法供人们吃喝玩乐了。有钱任性的人还靠什么消遣日子呢？

"上流社会"中的富人们听闻阿柏马里街上的皇家学院新来了一位教授，经常举行特殊的演讲，这个新鲜啊，闲得无聊的时髦小姐和庄重的绅士也买了门票去听演讲。

对于化学，那时的伦敦很少有人谈论，人们对其了解得并不多。

客人们来到阿柏马里街的大厅里，映入眼帘的是一张大桌子，桌子上摆满各种各样的玻璃瓶子。有阅历的人，能够在这些并不常见的仪器中发现著名的伏打电堆，有几条螺旋形的导线从伏打电堆伸向四面八方，人们觉得很好奇。

演讲时间到了，门打开了，一位教授走到讲台上。台下的观众们伸长了脖子，期待台上的表演。

二十二岁的文弱青年站在台上。头不大，头发是栗色的，表情活泼、生动。

"好年轻的小伙儿！"人们在小声议论着。

不错，这就是年轻的戴维教授，一个普通木匠的儿子，六年前，还是一个只会胡诌歪诗和钓鱼，在盘森斯街上乱跑的顽童。如今，他竟然站在伦敦最高贵的客人面前演讲。

机警善辩又有些神经质的戴维，在各种仪器中间来回忙碌地穿梭，只见他闭合了伽伐尼式电路，又把它切断，向大家解释会有酸出现在电极附近，使蓝色的石蕊溶液变成红色，这是一种物质被分解，同时也生成了另外的其他物质。课堂上的枯燥理论经过戴维的讲解变得很有趣，仿佛他不是个科学家，而是一位诗人。

就算是牧师传道、政治家演说，也很少能够像化学家戴维这样把科学和实验说得那样形象生动。

戴维的出色表现，让演讲取得了很大的成功。只要是戴维的演讲，演讲大厅就会座无虚席，甚至有人会因为争座位而闹得不愉快。他从讲台上下来人们欢呼雀跃，受欢迎程度一点也不亚于歌唱家，有许多女士给他献花，也有私下里写那些倾慕的书信的。

"上流社会"的人们经常邀请戴维到家里做客，戴维也是随和可亲，从不拒绝。他擦掉手上的化学药品，迅速换上晚礼服，之后快步跑去宴会或者舞会现场。这个卓越的化学家、才子，有着火一般热情的诗人，人们都觉得他参加聚会花的时间太多了，浪费了太多宝贵的光阴。

他是个很有才干的年轻人，精力旺盛而且天资聪敏。在人们看来他每天工作的时间并不多，但是成就确实不小。

我们都想知道，他被皇家学院聘任，在实验室里究竟都做些什么事情呢？

皇家学院的董事们经常让戴维去做一些出人意料的工作。刚刚进入学院工作的第一年，董事们建议戴维给制革专家讲授关于鞣革的化学课程。

"领导们可饶了我吧！"戴维请求地说，"我就没有去过制革厂，这课我怕是讲不了。"

"年轻人，讲课和你以前去没去过制革厂没有多大关系，"院董们回答，"别忘了你可是精通化学的专家啊。"

领导下了命令，戴维没有办法，只好专心研究皮革。

他能以惊人的速度把一个全新的事物研究得清楚明白，工作起来，他能达到痴迷的状态。在意料之中，不久，他在制革方面取得了很大的成绩。他发现一种名叫"阿仙药"的特殊树汁，这种树汁能够鞣制物美价廉的优质皮革，这种材料做的鞣剂很快就被推广出去，自然给人们带来了惊喜。

院董们看到了他的才智，又给他安排了另一项任务——把本院多年来积存的各种矿石的成分研究清楚。

戴维不得不去研究矿石的成分。

后来戴维又搞了农业化学。研究农业就需要下乡访问地主、研究庄园和田地了，黑土、亚黏土和粪肥成了他的新的研究对象，他还向老乡们请教关于春耕秋收的各种问题。

虽然说这些研究都是为了工作而不得已去做的，但是有梦想的人不会放弃自己的爱好和真正的研究方向，电化学才是戴维的兴趣所在。时间不够不会是他放弃研究兴趣的借口，戴维每天都会抽出一定的时间来研究电化学。

戴维还在部署里斯特耳气体力学院工作的时候，就自己做了一个伏打电堆，来进行各种各样的研究。现在皇家学院的实验室已经由他主持，机会难得，条件方便，他一次又一次制作出用于研究的新型电池组。研究一步步深入，制作的电池组也越来越大，有的甚至装了一百多对电极。

戴维要把电流所引起的种种变化完全研究明白，他也为此做了许多实验。

电解水时，水中出现的酸碱是怎么来的？奇怪的现象激发了戴维的求知欲。

皇天不负有心人，戴维通过不懈的努力终于研究明白了。

曾经有人认为水中出现的酸和碱是电流本身创造出来的，这种见解是站不住脚的。戴维做了大量的实验，发现试剂溶液中的原有物质在通电后，电流能够把部分物质吸引出来。这种物质被分解后，溶于水，酸和碱吸附在电极附近，因为电极是电流流出的地方，也是电流最强的地方。

这是戴维的观点。

为了验证自己的想法，他做了一个实验。用纯金铸成容器，之后装上可以通电的装置，在容器中加入纯净的蒸馏水，并用玻璃罩把装置盖严，之后把密封容器内的空气完全抽尽。

真空的密封容器内排除了其他杂质的干扰。

接通电源。水中只出现了氢气和氧气，酸或者碱并没有出现。

实验成功了，戴维于1806年11月20日在皇家科学报告会（这个会在英国所起的作用，和科学院在其他国家所起的作用大概是一样的）上做了报告。

这个报告会被命名为贝开尔报告会，这其中还有一个故事：曾经有一位叫贝开尔的旧货商人，对自然科学很感兴趣，弥留之际，他把100英镑存在银行里作为皇家学院的基金，这100英镑每年所产生的利息，就赠送给在皇家学院的报告会上有杰出发现的人，为了纪念这位商人，鼓励后进的人们，这个报告会被命名为贝开尔报告会。

这种性质的报告会，在西方国家依然保留着。有很多财主，有了钱，又想死后流芳百世，让后人记住，没有比拿出点钱来投资科学更好的方法。

19 世纪，能够在贝开尔报告会上做报告是英国社会的一种至高的荣誉。1806 年是年轻的戴维第一次做贝开尔报告。而这第一次的报告被认为是继伏打的发现后又一次震惊了科学界的发现。

这一次的贝开尔报告是科学界的一次地震，报告公开后，正在和英国交战的法国，竟然也有科学团体赠予他金质奖章和以伏打命名的奖金。

这也仅仅是一个开端。

之后的一年里，戴维又在皇家学院科学报告会上做了报告。这一次，德高望重的院士们又一次震惊了。

他公布了他新发现的几种十分奇特的化学元素，新的化学元素！

11. 苛性钾和苛性钠那些事

在实验室里使用最多的当数苛性碱类，其中苛性钾和苛性钠在碱家族中永远占据着至高无上的地位。

无论是在实验室里、工厂里还是日常生活中，需要用碱来完成的化学反应很多。

简单举例，在水中加入苛性钠或苛性钾，绝大多数原本不溶于水的物质就可以神奇地变为可溶于水了。在使用苛性碱时，就算是酸性最强的酸和各种蒸气的强烈烧灼性和毒性都会丧失。

苛性碱的特殊性由此可见一斑。

苛性碱外表看似有一定硬度的微白色石块，样子平常，看不出有什么奇特。

这种白色石块好像天使，只可远观不可亵玩，当你把一丁点苛性钾或苛性钠拿在手里捏一捏，灼痛随之而来，此时的苛性碱就像荨麻一样刺激性极强。苛性碱具有很强的腐蚀性，要是拿在手里时间长了，它会烧灼你的皮肉，甚至可以伤到骨头。

"苛性"这个词，本身就与其他普通碱相区别，更多的是一种警告。这种奇特碱，基本上也是由苏打和老碱制成，苛性钠和苛性钾就是其中的代表。

苛性碱好像对于水是十分喜爱的。一块完全干燥的苛性钾或苛性钠要是暴露在空气中，也就一会儿的工夫，其外表因为空气中水蒸气的作用就会出现"出汗"的现象，再过一会儿就会完全变得湿润、酥脆，最终会失去原有的轮廓，成为糊状的没有固定形状的东西。

苛性碱能把空气中的水蒸气吸收，哪怕是极少的水蒸气，吸收以后会形成较浓的溶液。曾经有人无意中把手指浸入苛性碱的溶液中，很惊奇地发现："苛性碱溶液太像肥皂水了！"

像肥皂水是真的。碱和肥皂一样都会很滑腻。其实，肥皂摸起来之所以会有滑滑的感觉，是因为肥皂本身就是由碱制造的。所以，苛性碱溶液和肥皂水有相似的质感。

如果仅凭手感和滋味来辨别苛性碱的话，那太不科学了，化学家们是凭这种物质与植物染料石蕊及酸的化学反应所出现的特殊现象来分辨它们的。

蓝色石蕊染料浸透的试纸滴上酸的时候，会马上变红；这种变红了的试纸再滴上碱，会立刻变蓝。

苛性碱和酸是一对不能相容、不能和睦共处的冤家。

只要它们一接触，会发生极为强烈的化学反应，会发热，又伴随着咝咝声，互相打架，互相毁灭，直到把其中的某一方完全消灭，才能恢复平静。

酸和碱的反应，化学家们称为酸碱"中和反应"。它们相互化合，生成的是"中性"的盐。也就是说这种盐既不显酸性，也不显碱性。

举个简单的例子，把盐酸和苛性钠溶液混合到一起，就能得到我们生活中常见的食盐。

苛性碱的特殊性质的发现，使它成为戴维时代的化学家们最为常用的实验试剂。新实验员的入门培训就是要掌握苛性碱的使用，因为在以后的实验中是离不开这种物质的。

那时的人们一直以来都认为苛性碱是不能够再分解的简单物质。虽然它能和其他的很多物质反应，可是，人们也试过多种方法来分解苛性碱，都没能成功。人们自然就有理由相信，苛性碱和金、银、铜、铁、硫、磷以及新发现的氧、氢、氮等元素一样，都是不能够再分解的单质元素。

戴维通过种种现象感觉苛性碱不是单质元素，他觉得所有方法都试过了，如果用电会不会把苛性碱分解呢？

12. 淡紫色火焰的秘密

戴维发现电流能够非常容易分解一些曾经认为不能分解的化学物质，就连伽伐尼电池组里含有的微量的杂质，电流也能非常容易地把它分解了，因此戴维开始构思用电流分解苛性碱的方法。

戴维认为："有太多的物质，曾经认为是不能够再分解的，通过电解的作用，最终发现是化合物，苛性碱是不是也会这样呢？"

对硫、磷、碳、碱、苦土、石灰、矾土的性质做进一步详细的研究和比较，这些物质哪些是真正的元素，哪些是伪装的呢？如果是伪装的，那么又是由什么元素组成的呢？

要想彻底解开这些谜团，需要的不仅仅是时间！

经过一段时间的研究与考虑，戴维决定先从碱的研究着手。碱的化学性质和一些已知的化合物非常类似，既然如此，戴维大胆假设碱也可能是化合物。伟大的拉瓦锡曾经也有过同样的假想，只可惜拉瓦锡当年没有找到证据证明自己的猜想，那时其他的化学家并不同意他的观点，拉瓦锡的研究也遇到了极大的压力。戴维就要想办法完成伟大的拉瓦锡的遗愿，把最常用的苛性碱研究清楚，这对于研究其他的物质很有帮助。

那就先从分解苛性钾开始，和以往的实验一样，电解苛性钾的水溶液。

他吩咐堂兄兼助手埃德蒙得，把皇家学院中所有能够产生电的设备集中在一起，把它们组成一个空前庞大的电池组。最终找到大型电池 24 个，锌质和铜质的方形电极宽度达到 1 米（30.48 厘米），相对小一点的电池有 100 个，其中的电极宽度达到 0.5 米（15.24 厘米），最小的电池 150 个，电极宽度达到 1/3 米（10.16 厘米）。如此庞大的电池组所产生的电流极为强大，戴维自信满满，苛性钾是一定经不起这么强大的电解作用的，被分解是必然的。

他们把这个庞大的电池组与准备好的苛性钾溶液连接成回路，分解苛性钾的实验就这样开始了。

刚一打开开关，浸在溶液中的两个电极附近就出现了强烈的气泡。没过多久，溶液开始沸腾、发热，越来越多的气泡产生。

"怎么会这样，这气泡仅仅是水被分解了，气泡是由氢气和氧气产生的。"戴维有些失望，"再观察一下看看。"

等了许久，现象依旧如此，溶液中只有水被分解了，苛性钾并没有任何变化。

如果遇到一点失败、一点困难就退缩的话，戴维也就不是戴维了。

戴维暗下决心："既然是水阻碍了我分解苛性钾，那我就不用水了。"

他决定电解熔融状态的无水苛性钾，这样可以忽略水对实验的影响。

他拿来一个白金匙子，把一些干燥的苛性钾粉末放在其中，之后把匙子用酒精灯加热，为了让酒精燃烧更加充分，温度更高，用风箱把纯氧气吹进灯焰里。如此烧了三分钟左右，苛性钾化成液体，熔在匙子里了。

接下来立即把匙子和电池组连接成回路，电解熔融的苛性钾实验开始了。

"熔融状态的苛性钾会不会被电解？"戴维心想，"现在没有水的干扰了。匙子中只有苛性钾一种物质，如果苛性钾不是单质元素，被分解是必然的……现在更担心的是这种熔融的苛性钾到底导不导电呢？"

戴维担心着，还是把电路接通了。

"看！"戴维大叫了一声，声音都变了，"埃德蒙得，快过来看！这种情形，一定是苛性钾被分解了。"

助手看到这种奇特的现象小心翼翼地往仪器那边凑。而兴奋的戴维却差一点儿把白金匙子碰倒。

因为有强烈的电流通过，熔融的苛性钾内部显然发生了变化。当白金导线与苛性钾接触时，在接触的地方出现了小小的火舌，是美丽的淡紫色火焰。只要电流不中断，这美丽的火焰就不会熄灭；电流一断，火焰也就消失了。

助手看得有些莫名其妙："这是为什么呢？"

"亲爱的埃德蒙得，这已经充分说明，苛性钾不是真正的元素。"戴维十分自信，"这是因为电流把苛性钾中某种未知物质分离出来了。你看那淡紫色火焰就是这种物质在燃烧。除此之外找不到别的解释。不过目前还不能知道它究竟是一种什么物质,更不知道如何把它收集起来。"

这种物质究竟是什么?它真的能被收集起来吗?那美丽的淡紫色火焰究竟代表着什么呢?

头脑比戴维更为冷静的化学家伽伐尼曾经说过这样一句话:"我们做实验的时候所看见的现象,往往并不是事实的真相,也许是种主观意识给我们的错误提示,也就是幻觉。"

戴维做梦都想把苛性钾分解了,他看到的淡紫色火焰会不会是一种幻觉呢?

他又反复做了几次相同的实验,发现一个奇怪现象:每次把白金匙子连上电池组的阳极,而连接阴极的导线插入苛性钾中,会有淡紫色火焰产生;但是,把两条导线对调时,就不会产生火焰,可是却出现苛性钾被分解的另一种现象,有某种气体从匙底出现,气泡一个跟着一个冒出,会着火的气泡。这可能是氢。至于那燃烧时所看到的淡紫色火焰究竟是什么物质发出的,还是个未解的谜团。

13．出色的实验

1806 年 10 月的一个薄雾蒙蒙的清晨，戴维刚刚吃过早饭，就准备到实验室里工作。

计划中的一次重要的实验，安排到今天来做。

第一次实验失败，苛性钾溶液中的水被分解了，干扰了实验结果。

第二次实验，还是没成功，很可能是熔融的碱自身发热，温度太高了。

这是不是说明，只有从无水的苛性钾中才能分解出那种未知物质？又不能用火，温度太高，新生的物质就燃烧了。有个方法还没有试过，或许可行，那就是用固体的苛性钾做实验。

可是固体的苛性钾是不导电的啊？该怎么做这个实验呢？

那个 10 月的清晨是值得纪念的，戴维走在去实验室的路上，他心里这样计划着。

就在头天晚上，他参加了一个贵族的舞会，到深夜才回家休息。仅仅睡了三小时的他，早上起来感觉头晕得厉害。但是只要一开始实验，他会马上头脑清醒，和平时工作一样，在实验室里忙忙碌碌。到了上班的时间，埃德蒙得也来了。

现在的实验目的很明确，如何让电流通过冷的固体苛性钾。大家都知道干燥的苛性钾和瓷器一样不导电。那么，用水把苛性钾打湿怎么样？可是，第一次实验失败就是因为有水。这个实验该怎么做呢？

实验前的思考就花费了几个小时，可是毫无结果。如果电解干燥的苛性钾，因为干燥的苛性钾是不导电的，就算使用再强的电流，实验还是会失败。要是用水让苛性钾湿润，也得不到想要的效果，该怎么办呢？

方法总比困难多，有时候跳出原有的思维定势，换个角度想一下，问题也许就会解决。戴维静静地思考着，仿佛这个世界只剩下了他。那块白色的苛性钾在自己面前，好似嘲笑自己无能，戴维下定决心："我发誓，一定要将你分解！"

他脑海里闪现了几十种新的方法，可是想法越来越复杂，想得他都头疼了。

"埃德蒙得，咱们得再试一次，电解干燥的苛性钾，再拿块碱来。"戴维说。

埃德蒙得从罐子中拿出了一小块苛性钾。这一次戴维让苛性钾在空气中停留了一分钟，仅仅是一分钟，没想到改变了实验结果。

"这次，就把它放在空气中一小会儿，让它吸一点儿水蒸气。苛性钾变湿润了，也就变成导电体了。同时，就这么一丁点的水分，分量极少，也不至于影响到电解的效果。"他心里是这么想的。

这个想法真的不错，戴维能在多次失败中不气馁，还能保持思考的能力，真棒！

既然用干的苛性钾和苛性钾溶液都没能得到很好的实验效果，那就二者取其中，用不太干也不太湿润的苛性钾做实验。

当这块苛性钾的表面刚刚湿了薄薄一层的时候，就立即把它放到白金匙子上。马上接通电路，结果在意料之中，电流通过了。

奇特的现象出现了：那块碱，是从上面和下面同时熔化的。

戴维脸色有些苍白。他屏气凝神地站在实验台旁边，观察着这梦寐以求的实验现象，生怕错过了什么细节。他看见苛性钾和金属接触的地方正在逐渐熔化，并且发出了微小的咝咝声。

仅仅几秒钟的时间，对于戴维来说好似几个世纪那么漫长。

突然出现了不是很大但很响亮的清脆的爆炸声，像点着了小爆竹，这声响来自那电解熔融的碱中。

戴维激动得用胳膊肘使劲地把他的助手推到一边，他离实验台更近了，跟着就把头俯到实验台上观察，看得更加清楚了。

"埃德蒙得……埃德蒙得……"戴维喃喃地说，"快看，埃德蒙得快过来看看！"

在白金匙子的上面熔融的苛性钾沸腾了，匙子下面，从白金片上熔融的苛性钾中滚出了些极小极小的珠子。

这些小珠子带有白银的光泽，像水银珠一样滚动，和水银珠不同的是，这些

戴维在实验室书写实验记录

小东西刚一滚出来接触到空气，就会啪的一声裂开，在空气中还能看到那美丽悦目的淡紫色火焰，之后再也找不到了；即使有个别的没有裂开，在空气中也会很快地蒙上一层膜，变暗，失去原有的光泽。

这种光泽是金属光泽，难道苛性钾中还含有金属？可是，在此之前并没有人发现碱中含有金属，这物质如果是金属，那真是个全新的发现啊……

戴维想明白了，突然离开自己的座位，不小心碰倒了正在支撑曲颈瓶的三脚架，玻璃清脆的声音传遍整个实验室。这声音把正在专注工作的助手吓了一跳，而戴维却变得疯狂了。

"哈哈，太棒啦！"戴维叫道，"好极了！戴维，你是最棒的！这一次真的是成功了！"

兴奋的戴维使劲地摇着埃德蒙得的肩膀，还把他推离桌子。

"埃德蒙得，把电路断开。"他叫道，"看见火焰还不是我们的最终成就。现在完成了第一步，要一鼓作气，再进行下一步的研究！"

"敬爱的戴维先生，由衷地祝贺您！"

戴维久久不能平静：他已完全沉浸在胜利的喜悦中。

他又对助手说："现在已经证明苛性钾是可以分解的了，我们还要去寻找发现的那种未知金属的奥秘。电流是伟大的，没有什么能经得起它的冲击。我们所做的将会被写入史册，加油！"

今天戴维实在是太兴奋了，兴奋得已经不能够使自己的心情平静下来思考下面的实验怎么做，他不能被这个小小的成就冲昏头脑，要冷静。

戴维深深地吸了口气，冷静了一会儿，坐到桌边，认真地书写实验记录。激动的他把墨水溅得到处都是，还写错了几个字母，还好能够完整地把今天的实验记录完。写好实验记录后，他匆匆忙忙地洗了手，哼着小调，愉快地走出实验室。

在他刚走到门口时，突然停下脚步，似乎是想起了什么，立即回到桌边。他拿起笔，在刚写的实验记录的那一页空白处，写下粗粗大大的一行字：

"出色的实验！"

14. 入水不沉没，冰上能着火的金属

　　那天的戴维欢蹦乱跳得像个孩子，大家都看到了这位化学家可爱的一面。

　　这几个月梦寐以求地要把苛性钾分解，虽然有几十次的失败，但因为他的坚持，他的大胆想法，更重要的是他能够在有想法之后就全身心地投入到行动之中，终于还是成功了。

　　从此苛性钾就从元素名单中被剔除了，取而代之的是一个全新的未知的元素名称。这种元素戴维叫它锅灰素（因为英国人把苛性钾叫锅灰，中国科学家命名此元素为钾）。

　　戴维的工作效率是很高的，现在又有了极大的热情。目前最大的任务是把这种新物质收集起来，再好好研究它的性质。

　　这不是一件容易的事情，钾这种元素也是很特殊的。

　　首先，钾的化学性质很活泼，这也是为什么钾没有以单质出现在生活中的原因。它几乎能和各种物质化合，一遇到空气，就会发生反应。看来戴维又要忙碌一阵子了，现在的任务就是收集到原生态的钾，也就是单质钾，并把它长久地保存下来。

　　其次，在做实验的时候就已经发现，钾在刚从熔融的苛性钾中分离出来的时候，就算不在空气中爆裂燃烧，也会很快就发生变化。只是一刹那，便失去金属光泽出现一层白膜，这是被氧化的结果。就算是刮去这层膜也没用，旧膜下去，马上又有新膜替代。

　　更为不可思议的是，这层薄膜在一段时间后会变得湿润而脆弱。再过一段时间后，原本银色的金属会变成一堆失去固定轮廓的灰白色的糊状物体。

　　这种没有轮廓的糊状物，用手摸上去会有肥皂般的滑腻感，还有使石蕊试纸变蓝的神奇效果，不错，它就是我们的老相识——苛性钾。

钾因为和空气接触会变成苛性钾，而苛性钾也能够分解成单质钾，好神奇的过程。

如果把钾扔进水里，钾是金属，可是它违反了金属落入水中的常态，并不会沉入水底，更为不可思议的是，它会在水面上乱窜还发出尖锐的咝咝声，窜了一阵以后，伴随着淡紫色的火光，会发出响亮的爆响声，体积越来越小，越来越小，直至全部溶于水变成苛性钾溶液，钾入水后就这样消失了。

这种类型的金属无论放在哪里，都会发出咝咝声、爆响和火光。它还相当霸道，要是钾和其他化合物遇到，表面看上去很平静，可是它竟然驱逐别的元素，自己霸占其他元素的位置，成为一种全新的化合物。

钾能把玻璃腐蚀，能在酸里燃烧，在纯氧中会瞬间着火，只是再也没有紫色的火焰，而是刺眼的白光，白光强烈到肉眼不能够直视。

钾在酒精和醚里，能够和其中极少量的水分反应。

钾非常活泼，也很"喜欢"和任何金属熔合在一起。

钾同硫、磷接触时，同样会着火。

就算在冰上，钾也能燃烧，能把冰冷坚硬的冰烧成冰洞，直到本身和水反应完全变成了碱，这一切才会停止。

这真是一种让人不安的元素，戴维有办法处理它吗？在哪里能够保存住完整纯净的单质钾？还有需要用什么方法保存？这真是个大难题！

似乎在这个世界上，钾就没有安静的时候，也没有什么物质能够让钾安静一下。经过千万种尝试，最终戴维还是找到了，那就是煤油，不和钾反应，还能够把钾与水和空气隔离开。

钾很活跃，而在纯煤油里，钾变得相当安静。不知道是它不喜欢煤油，还是煤油不喜欢它，总之，纯净的单质钾能够在煤油中完整地保存下来，煤油真是个好东西。

找到了钾的存储环境，如此一来，实验研究立刻变得容易了。钾能够被储存，再也不会因为钾的缺少而中断实验了，这真是个好消息！

可以把钾收集起来，这样就会有大量的单质钾供戴维进行实验研究。但是新的问题又来了，从钾的各种性质来看，它到底是不是金属呢？新的折磨又开始了！

从某方面来看，钾是金属毋庸置疑。

钾在空气中还没来得及反应前，有美丽的金属光泽，就像磨光了的白银。另外，它善于传导电和热，还能够溶解于液体状态的水银（汞）中，这是它属于金属的性质。

但是，它的其他性质，如只要一遇到水，无论水多少它都能反应甚至是燃烧，这要是金属，是不是说明它只要是在空气中，一瞬间就会生锈？

此外，钾很软，像蜡一样，用小刀很容易就能切开，也非常轻，就算是在比水还要轻的煤油里面，也不会下沉。

和其他金属相比，黄金比钾重 22 倍，水银（汞）是钾质量的 16 倍，铁比钾重 9 倍，钾甚至比某些木料还要轻。从这些方面看，钾怎么可能是金属呢？

就算这样，戴维经过仔细的研究与思考，最后仍然认定钾是金属！

他认为："钾如此轻，自然很奇怪。但是把铁和黄金、白金比，铁也很轻啊。它们中间有个水银：水银比白金轻，但是比铁重。如此看来铁是金属已经不是问题了。"

"为什么说钾是金属大家难以接受呢，因为金属在日常生活中给人们的印象都是坚硬的，还有会沉于水中，可以负责任地说，钾是一种新发现的金属。因为它太活泼，以致一直以来并没有被人们所发现，以后我们一定会发现介于钾和铁之间的其他新的金属，把钾和铁中间的空隙完全填满，金属链条也就完整了。"

戴维所说的这个预言，在今天已经完全验证了，他是正确的。

15. 突击的六周

1807 年 11 月 19 日，是英国皇家科学会一年一度的贝开尔报告会的重要日子。戴维登上讲台做报告。他的这一次报告又一次震惊了科学界，戴维从此声名远播。

要做的可是贝开尔报告啊，要做好准备，现在得到的这些信息还远不够证明自己的想法，要收集更多的信息才行。

在报告会前的几个星期里，戴维把他的全部精力都放在研究这种新物质上，要把它的性质完全弄清楚。一定要研究明白！

在那一个半月里，戴维像发了疯一样地做研究。一会儿把这儿扔掉，一会儿又抓起那儿，在同一时间段内要进行好几件工作，熟悉他的人都知道，这也是他的一贯作风。

可是他的疯狂把助手和实验员们都累垮了。一天，他要进行一百种实验。忙碌的他从抽风橱冲向电池组，接着又冲到桌边，抓紧时间做好实验记录。忙碌中哪怕是打破了实验用的容器，弄坏了仪器，他也没有心痛的时间了。那段日子里，钾的爆响和打碎烧瓶、曲颈瓶的声音交织在一起，在戴维耳中，真像一首动听的交响乐。

在戴维的脑海中浮现出无数的新想法，一种想法刚完成，马上又进行下一想法的实验。哪怕想法并不是很完善，他也要立即行动把它变为现实。

那段时间里，实验室每天都是一片杂乱，垃圾堆得到处都是。实验室乱得和马房差不多。繁忙的工作没有白费，就在要做报告的前一天，钾已经被戴维研究得十分清楚了。在数百年间，无数位化学家绞尽脑汁、呕心沥血，费了九牛二虎之力都没搞清楚的问题，戴维此刻已经明白了。

戴维用六个星期为化学学科创立了一个新的研究方向，他研究钾只是第一步，他不能把自己局限于钾的研究中，他还有其他更重要的新领域要去探索！

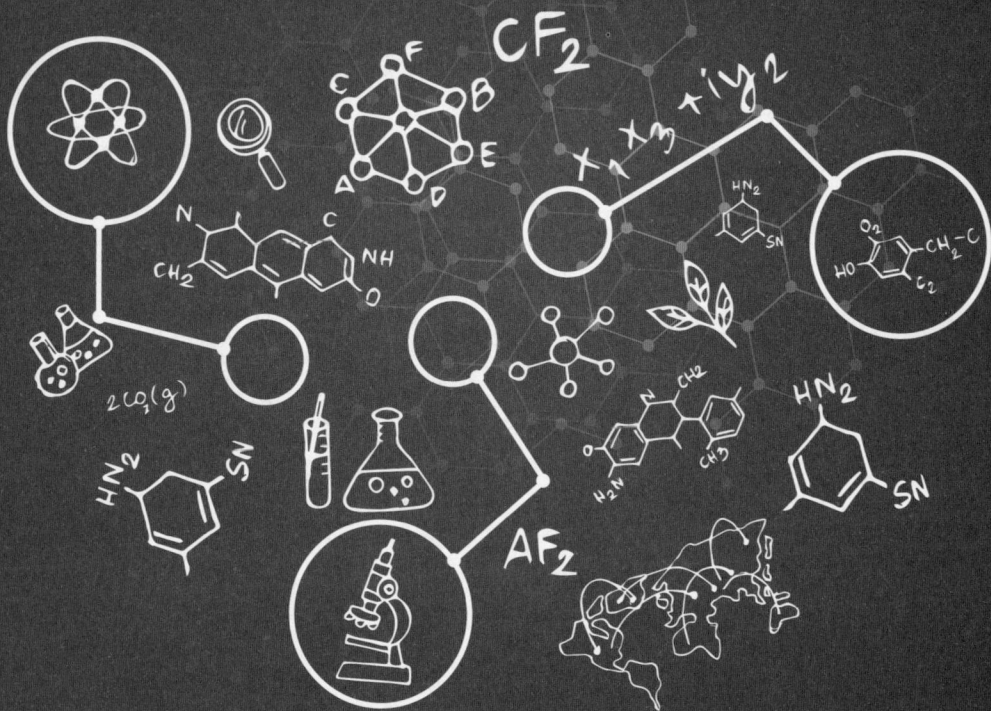

现在苛性钾已经被成功分解了，下面可以着手准备分解苛性钠了。有了分解苛性钾的经验，苛性钠也被他用电流成功分解了。实验证明，苛性钠跟苛性钾一样，并不是一种单质元素，也是一种复合物质，其中也是含有氧、氢和一种未知的金属。这种未知金属和钾的性质十分相似。与钾相比，它稍微重些，可是也很轻。稍微硬些，用小刀也是很容易分割的。它也有着白银的金属光泽；放在空气中，也会很快就发生变化；放在水面上，也会带着咝咝声窜来窜去，只是它没有火焰。还有，它也能在煤油中安安静静地待着，被完整地保存；要是遇到酸，同样也会着火，火焰不再是淡紫色而是深黄色。

简而言之，戴维一下子开创了科学界的新篇章，找到了一对非常相似的全新的新生儿双胞胎元素。当然它们也有不同的地方，它们的相似处还是很多很多的。你可以发现，第二种金属的性质和钾相比略差一点儿。

尽管如此，它同样也是活动性相当强烈的物质，也非常容易就把冰烧成洞。

这种金属是用苛性钠来制备的，苛性钠在英国被叫作苛性苏打。因此，戴维把这种新的元素叫苏打素。亲爱的读者，你可能发现了，这两种新发现的金属，被称为锅灰素和苏打素的金属元素，就是如今非常有名的钾和钠。

戴维在六个星期中连续地做实验，研究工作得到不可思议的进展。

虽然他在那段日子里做了许多的实验，但也不是一步也没离开实验室。

无论工作多么忙，他也不会忘记社交生活。每天都有请柬飞来。今天是舞会，明天是宴会，后天不知道又是什么会。

而戴维，我们伟大的戴维，他心里时刻牵挂着那对奇异的双胞胎金属——钾、钠，可对于别人的邀请，他还是很乐意去的。

难道他有分身术？每天在钾、钠和贵族的客厅之间周旋。此外，他还会写诗。甚至有人请他去调查监狱。监狱里忽然出现了可以传染的伤寒病，戴维去调查，目的是找到有效的消毒剂。

在监狱里他看到犯人挤在冰窖和臭虫窝里。人多拥挤，牢房里卫生条件差，空气不流通，再加上饮食恶劣，疾病自然就来了。犯人们一个个面黄肌瘦的。人们都很奇怪，化学怎么能帮助牢房里的犯人呢？自然是帮不上什么。那只是因为有人请戴维去那里，戴维才去的，戴维就是这样，对于邀请从来没有拒绝过。

皇家科学会开会的那天，也就是 11 月 19 日马上就要来了，而戴维却被累垮了。他形容枯槁，两眼深陷，脸色苍白。

就算如此，他也没有放弃。几乎每天都在实验室里待到凌晨三四点钟，清晨第一个到实验室。一天快过去了，天就要黑了，戴维又想起了某某公爵家里的宴会就要开始了，于是急急忙忙赶去参加。

"我们的戴维怎么变胖了啊？"认识他的人有时候彼此询问。

"你看看今天他怎么又瘦了？好奇怪，变化得好快！"往往第二次见到他的时候人们会有这样的疑问。

这忽胖忽瘦是有原因的。他太忙了，忙得连换衬衣的时间都没有。可是舞会就要开始了，他来不及换衬衣，就把一件新的衬衣直接罩在旧的外面。第二天，他又要罩上件新的。如此一来，在他身上的衬衣，有时会有五六件之多。等到抽得出时间了，一齐脱掉，不知内情的朋友自然是十分惊奇了。

这也许是朋友在开他的玩笑，因为他确实很忙，朋友们都清楚。

贝开尔报告会的日子终于到来了。

戴维把这段时间所做的不计其数的实验一一列出。讲完之后，请那一对双胞胎金属出场，并让哥俩尽情地给人们表演。这边在水面上奔跑，接着又向空中升起焰火。因为它们在煤油里闪耀着柔和的金属光泽，人们都相信这两种元素都是真正的金属。

参会的人们震惊了。

不久，各大报纸头条就都是戴维的新闻。

凡是稍微懂一点化学的人都会震惊："什么！他在我们生活中普通得不能再普通的苏打和平凡的锅灰中竟会发现如此奇特的金属！可是这金属为什么比木头还轻，比蜡还软，比炭还容易着火呢？如果这样研究下去，明天不知道会发现什么，用电流取出黄金、钻石，那真是一件好事情！"

这件事让人们又一次感受到了科学的力量，实验确凿可信，说服了大众。戴维也因此得到了暴风雨般的欢呼和祝贺。

16．意外的中断

在每天繁忙的实验工作中，戴维差一点就因为对工作过分热情而付出了生命的代价。

就在报告会召开的前几天，他的身体出现了异样。头痛、四肢无力，身体极为难受，时不时地打哆嗦，病痛总是在不该来的时候突然袭击他。比如在实验室里，或是在冒着热气的沙浴旁边，或是在跳着卡德里尔舞的时候，别人都在流汗的时候，他却浑身颤抖。

病痛总是偷偷地突然袭击他。但坚强的他总是咬紧牙关坚守在岗位上，顽强地和病魔做斗争，继续工作下去。

"难道我就要这样早早死去，来不及向全世界报告我的发现了？"他很担心，"这么重大的发现不能让另外一个人，更不能是外国人站出来向世界宣布苛性钾是他分解成功的。绝对不可以！只要我的脑子还算清醒，四肢还能活动，手还能拿起笔，我就要把我全部的发现都详细写出来。就算站在台上演讲的不一定是我，但讲稿一定要是我书写的，别人也只是替我宣读而已。"

大家都知道，报告是他亲自做的。当他站在台上讲话的时候，热病让他浑身战栗，两颊绯红，双手有些颤抖，坚强的他还是自己把他研究的一切都详尽地说完了。

那天戴维从讲台上走下来，已经一点力气都没有了，即使如此，他还是感觉很幸福。

"您怎么了？"埃德蒙得看见他站都站不稳了，有些慌张。

"没事，好像是得了伤寒，"戴维喃喃地说，"真不该去那该死的监狱！"

顽强的意志让他勉强支撑了四天，最终还是躺下了。

戴维的病情很快恶化，高热，身体变得十分虚弱，更为严重的是他不停地说胡话。最严重的那几天，人们都觉得他没有什么希望了。

皇家学院的董事们有些垂头丧气。近来"慈善家们"的捐款并不是为学院捐的，整个学院能够正常维持差不多都是靠戴维贡献的。他的实验成果是学院收入的主要来源。如果戴维真的辞世，皇家学院也怕是维持不下去了。

只要有医生从病房走出来，学院的管理员就要跑上去小声地问："戴维先生怎么样？好点了没有？"

"不太乐观！"医生总是这样回答。

戴维已经是声名在外，在伦敦，到医院探问他病情的人很多。他发现的新金属及其具有的特殊的性质是各大俱乐部谈论的焦点。谁能想到，随着发现了新元素消息的传开，这位伟大的科学家、敬业的教授病危的消息也传到了人们耳中！

"听说了吗？"在伦敦的大街小巷，人们附耳相告，"戴维怕是挺不住了！"

群众对于戴维的关心到了失去理智的地步，有些人要硬闯学院，他们想要知道：戴维教授的睡眠怎样，体温正常不？据说他去调查过监狱，那他是不是在那里染上的伤寒呢？

民众的关心，使得学院办公室不得不特别为他的病情贴出公告。

戴维躺在病床上已经九个星期了。在这段日子里，他每天都在死亡中挣扎。医生们轮流守在病床前，日夜照护着他，时刻不离。

他们都觉得："戴维得的病并不是伤寒，他是被累垮的。操劳过度，身体已经非常虚弱，被轻微的感冒病毒一感染，他的身体就吃不消了。"

天佑善人，最终他还是活了过来。

在一月下旬，他的病情逐渐好转。虽然身体还是很孱弱，脸色依旧苍白。实验室的工作可以暂时不去想。可是不能虚度光阴，他就继续写着他那还没有完成的诗。

病魔没有挫减他的锐气。他依旧是那个热情洋溢的戴维。

出院以后，他还要在床上躺一段时间。可是学院那简陋的卧室，连一张沙发或稍微舒适的圈椅都没有。大病初愈的戴维，除了自己的卧床以外，连坐的地方都找不到。

唉，别以为在非常富裕的英吉利国度里，科学家的待遇会十分优厚。各大报纸毫不吝啬地为戴维喝彩捧场，可是，这时在英国，柔软的沙发还是非常值钱的。他是一个木匠的儿子，就算不坐沙发，日子不也过下去了吗？

经戴维的朋友们的要求，皇家学院的院长感到很过意不去。花了三个半基尼，从不知什么地方买到一张很便宜的沙发，并且郑重其事地抬进了戴维的寝室。这时候的戴维，已经不需要沙发了。

17. 钙、镁及其他元素

　　仅仅休养了一个月，戴维就在实验室里开始了新的电化学实验。戴维正在竭尽全力弥补得病那段时间的损失。他曾经立志要为全部化学翻案，他从不说空话！在化学的世界里，除了苛性碱，还有很多其他的元素值得怀疑。戴维一直在琢磨着用电流来考验考验这些物质。

　　在当时的元素表上，与苛性钾和苛性钠相邻的还有几种碱土，分别是石灰、苦土、重晶石、碳酸锶矿。

　　为什么称它们是碱土呢？那是因为人们在随处可见的土层里都可以发现它们。它们都不怕火，无论你将它们煅烧多久，它们也不会熔化，更不会分解，就是说没有丝毫变化；它们也不怕水，不溶于水，更为准确地说是它们极难溶解于水。

　　说白了，它们就是土。

　　不过这几种土，却在几方面和肥皂般的苛性碱有相似之处。

　　它们都很乐意与酸化合，中和后会变出不伤人的盐。再则，如果将它们溶解在水中，哪怕只是溶解一点点而已，最终得到的水溶液都能将红色石蕊试纸染成蓝色。也就是说，它们是碱。

　　碱土的命名就是这么来的。

　　戴维成功分解了苛性碱，并且从碱的成分中发现了新金属元素。他大胆推测，在碱土这方面也能得出同样的结果。得到的四种元素也会是全新的元素，只要有时间，戴维觉得这种问题将不会是问题，全部都能解决。

　　如何分解碱土，借鉴一下苛性钾和苛性钠的分解实验，方法好像显而易见。只需要用水把它的块状体打湿，再通过更强烈的电流就可以了。

　　可实际上远没有戴维当初设想的那么顺利。

通过实验，戴维认定碱土是可以分解的。如在通过电流的导线上会出现某种未知金属的薄膜状的痕迹，这些痕迹在空气中会变暗，它们不会像钾和钠在水中能替换出氢来。这些出现的新物质，实在是太少了，少到不易察觉。

用这种方法一连通电几小时，得到的是很小的几粒新金属，还不是纯净金属，而是它们和铁丝化合而成的合金。由于戴维在碱土的实验上花了太多的时间，那庞大的电池组也在实验中完全损坏。

没有办法只能再制作一个新的电池组，新电池组有五百对电极，电流强度比旧的要大很多。

虽然有了如此强的电源，但是没有得到想要的效果。看来是方法出了问题。

最终瑞典化学家柏济力阿斯写信给戴维，告诉他自己分析碱土的方法，并劝戴维也试一试，戴维就这样找到了一条可行的途径。

柏济力阿斯不是用铁丝和碱土相连通电，而是用一个小小的水银柱来完成电解。他认为：新的金属在电流的强烈作用下，从碱土中分离出来，实际上会立刻溶解在水银里，形成的是新金属与水银的混合物。水银和水有类似的性质，遇热就会蒸发，因此不难把金属从水银中分离出来，从而能够提炼出比较纯的新金属。

戴维知晓了这种方法后，立即使用，果然成功了。从石灰中提炼出的新金属，命名为钙。这是因为石灰是由白垩煅烧得到的，而白垩的拉丁名叫钙尔克斯。从苦土中提取出的物质，被称作镁，剩下的两种，分别命名为钡和锶。今天，人们依旧这么称呼它们。

钡和锶都是带有银色金属光泽的轻金属，在空气中都会很快地变暗而失去光泽，它们都能够和水反应，就是分解水的力量不像钾和钠那么强大。一般来说，如果把这些金属按照其活泼的性质排成一条直线的话，活泼而轻的钾和钠在最前面，相对安静且重的"旧"金属——铁、铜、水银（汞）在最后面，那么碱土金属就排在中间了。

遗憾的是戴维虽然采用了柏济力阿斯的方法，还是没能得到纯净的碱土金属。他应该先在其中一种金属上下工夫，他有些着急了，不像以前那么有耐心了。

他已经有足够的事实来证明碱土不是元素而是化合物。

又进一步证明其中每一种碱土都含有氧和一种全新的金属。

他自从发现了钾和钠之后，这些金属已经不能够引起他足够的好奇心了，他不想仔细研究这些新金属的性质。

戴维又分解了四种碱土——黏土里含有的矾土，沙石中含有的硅石，和不久以前化学家才发现的铍石和锆石。这些物质，曾经都被认为是不可分解的元素。戴维把它们分解了，得到的结果平淡无奇，戴维没有了好奇心。

戴维仅仅用了极短的时间研究它们，虽然还没有看见这几种碱土中所含的元素的样子，戴维就把它们的名字起好了，之后就把它们放到一边，不再研究了。

碱土之间还是比较类似的，轻金属和其他的轻金属相似。戴维觉得太平凡，这和他追求的一鸣惊人的发现差得太远了。

贝开尔报告的日期就要来临。戴维心里清楚听众的热情，听众满怀期待地等待他上台。

他的工作变得忙碌起来。很多工作，才做到一半就停止了，然后去做另外一件看上去似乎可以让他一鸣惊人的工作，三心二意，半途而废，此刻的戴维已经变了。

为了达到他想要的效果，他甚至有要把已经没有任何争议的单质元素硫、磷、碳、氮分解的想法。如饥似渴地想在已知的元素里找到未知的物质，他太渴望成功了，急功近利，以致出现了幻觉。

草草地对自己观察到的现象下结论后，戴维于 1808 年 10 月 15 日的皇家科学会做了第三次贝开尔报告，他竟然宣布已经证实了硫、磷和碳都不是单质，而是化合物。

人们觉得这不仅是不可信，而是一种错误了。戴维太着急了。只要能稍微冷静那么一下，就能发现自己的错误有多么大。

18. 戴维"爵士"

戴维的科学研究并没有因为这次失误的报告而结束。那时的他，刚刚三十岁，正是精力充沛、富有创造力的年龄。

之后几年里，戴维还是有很多的杰出成就。早在18世纪舍勒发现的氯，经过戴维研究证实，这种气体能够令人窒息，也是一种不可分解的单质元素。同时今天采矿作业中用到的矿灯也是戴维发明的。因此这种灯又叫戴维灯，它曾挽救过成千名矿工的性命。

戴维研究化学的黄金时期就是分解苛性碱的时候了，他煊赫一时，钾和钠的发现成就了他科学事业的巅峰。

戴维凭借他那天生的热情和勇气，用了几年的时间，把他的全部贡献给了实验事业。工作中不止一次地遇到生命危险，但是很幸运，每次都脱离危险，平安无事。最严重的一次，熔融的苛性钾烫伤了他的手，一只眼睛也受到了伤害。

随着年龄的增长、经验的累积，戴维对与科学无关的事物产生了兴致。这是受他那些有钱的整日无所事事的朋友的影响。皇家学院中简陋的宿舍让他不再满足，微不足道的教授年薪，对于他来说也是太少了。

名利欲开始占据戴维的心灵。他甚至不愿意提起自己的父亲是个低微的手艺人，自己也不曾在外省的一个接骨医生家里当过学徒"小鬼"了。

他打算通过行医赚钱，他心里认为，凭借自己的名望，还怕招不来阔气的病人？他的一些宗教界的朋友又想把这位伟大的科学家带到教徒的行列里。他那雄辩的口才一定能帮助教会愚弄易欺的教友，教会庞大的收入吸引着戴维。

可是戴维却选择了另外一条路，他和一位富裕的贵族寡妇结婚了。

结婚之前，那时英皇乔治三世正在病榻上，由代理国政的摄政王主持朝政，摄政王也赠给了戴维贵族称号。从此，戴维也拥有了令自己骄傲的爵士头衔。

戴维生活的那个年代，才能和劳动并不受重视，财富和出身望族才是高于一切的。就算戴维有极高的天分，社会的成见与思想的束缚也一直困扰着他。

19. 只有 57 种，多一种也没有了

1789 年，拉瓦锡向世界公布了他的化学元素名单，一共有 33 种。经过后人证实，这 33 种中，只有 24 种是真正的元素。至于剩下的那 9 种，有些是自然界根本不存在的，有的是拉瓦锡当时没有办法将其分解从而认为它们是元素。

40 年后，戴维去世的那一天，化学家们经过实验研究，已经确认元素表中有 53 种不同的元素，其中戴维发现和指出的新元素就有十多种，其余则是由各国的其他化学家发现的。

在 18 世纪末 19 世纪初，巴黎有个叫古多瓦的人。那时拿破仑在欧洲发动战争，黑色火药的制作原料硝石，因为战争而变得供不应求。有买才有卖，古多瓦就在巴黎郊区办了一家硝石化工厂。他的生意自然不错，但刚刚投产不久就出现了问题，他那制造硝石的铜槽不知什么原因腐蚀得特别快，于是请来拉瓦锡帮忙解决。经过研究，拉瓦锡在碱里发现了一种未知的具有腐蚀性的物质。

经过提纯，得到了这种物质，它是泛着黑色的金属光泽的非常坚硬的结晶体。它具有一种很不寻常的性质：遇热不熔化，却化为紫色的蒸气。古多瓦把这种新发现的物质，拿给他认识的克莱曼教授研究。克莱曼又把这物质拿给当时法国最伟大的化学家盖－吕萨克看。戴维于 1813 年去访问时，也得到了几块作为礼品的这种物质回去研究。

新元素碘就这样被发现了。

我们今天擦在伤口上用作消毒的药剂的主要成分就是碘。只是我们用来消毒的碘并不是固体，而是碘的酒精溶液。

碘被发现后又过了几年，又一种全新的元素从稀有的矿物质中被提取了出来。它和金属钾、钠非常相似，非常轻，只是比木质重那么一点点。遗憾的是，它和钾、钠一样，都喜欢水，能够和水发生激烈的化学反应，要不然，这如此

轻的东西用来做救生圈再好不过了。

这就是碱金属中排名第三的兄弟，叫作锂。

没过多久又有一种和碘非常相似的物质被发现。1826年，法国人巴里阿尔在产盐的盐沼池中无意间找到了一种奇特的未知物质，性质和碘很相像，但又不是碘。把它提纯后，得到了一种很红的液体，有种呛人的气味，人们就给它起名溴。懂得照相技术的人都清楚，那时摄影用的玻璃片、纸片或者胶片上，都要涂上溴和银的化合物。有一种安眠药，是由溴和钠组成的化合物，在各地药房经常见到。

柏济力阿斯也发现了几种新元素。他就是在1808年帮助过戴维分解重晶石和石灰的那位瑞典化学家。

在贵金属行列中，新元素也发现了好几种。先前，人们只知道有银、金、白金三种贵金属。在19世纪初期，人们找到了四种和白金很相似的元素——铱、锇、铑、钯，这还没有结束。在戴维去世后15年，也就是1844年，俄国喀山大学教授克劳斯在乌拉尔白金矿中找到了一种和白金很像的元素，起名钌。这就是第57种元素了。

从此，一段时期内，再也没有新的元素被发现了。

19世纪中期，工业得到蓬勃发展。欧美已经出现了铁路，海面上也有轮船。那时工业原料并不充足，人们都在努力寻找矿藏，人们的足迹踏遍天南地北，一直在寻找着。

当年收集到的元素，如今也差不多全部发现了，似乎是用不着再找了？

不是的，那些痴心寻找元素的人并不死心。他们认为：

"事实很明显，我们目前已知的和正在研究的元素，还是一些在生活中常见的，并且是特别容易被分离的，非常容易被提纯。我们要清楚，已知的元素在地球上分布得不是很均匀。例如铁，地球上哪里都有，相比之下铜就少得多，银就更少，金子则是稀少得很。至于钌，在这个星球上，也不会超过几十吨。是不是还有我们没有发现的其他稀有元素呢？它们本来就很稀少，所以很宝贵，我们要把它们寻找出来。"

尽管人们那么努力寻找，可还是没有结果。无论是在澳大利亚，在格陵兰，还是在巴黎郊区，抑或在维苏威火山上，人们也找到了各种各样的岩石，可人们只在其中找到了已知的元素，至于未知的还是没有发现。

前人栽树，后人乘凉。和舍勒、拉瓦锡相比，现在的人们寻找新元素已经容易得多了。

化学分析可以说是一门艺术，每一年都有进步。化学家们不仅能测出这种石头或那种土壤都是由哪些元素组成的，更进一步，他们还能够极为精确地指出这种物质里所含有的各种元素所占的比例是多少。经验丰富的化学家哪怕手里只有那么一克物质，也能够用它进行几十种变化，如将这种物质溶解、蒸发、冲洗、过滤、煅烧，还有用酸处理，用碱处理，用火处理，用冰冷却，放在研钵中研细等而不使其失去一点。

他们制造了构造复杂但十分灵敏的天平，哪怕是 0.001 克重的微量粉末，都可以将其质量准确地称量出来。

人们的工作也变得更加精密。

如此进步，也还没有哪个化学家能够找出新的单质元素。

最后，物理学科开始和化学学科结合，就像物理学家伏打的发现给戴维很大的帮助一样。

以前，新的化学元素都是通过电找到的。

15 年后的这一次物理化学革命，化学家发现新元素已不再是通过电了，而是通过光。

化学家本生和物理学家基尔霍夫是非常好的朋友，他俩把学识、技能结合在一起，竟然有了惊人的发现。

20.本生和基尔霍夫的故事

本生的一生像质地优良的旧式时钟一样非常安闲,没有波折。他从不知贫困是什么滋味,优质的生活并没有让他有什么发财致富的念头。他声望很高,艺术造诣也高,在他的生活里除了科学什么都没有,除了科学其他对他来说都不重要。

他并不是像舍勒和戴维那样自学成才。从小他就接受到良好的教育,他的童年和青年时代的生长环境都是鼓舞他研究科学的动力。

他的童年是在德国格丁根城度过的,那里有一所闻名世界的大学。那个城市也是在科学研究的哺育下得以发展起来的。如果说,港埠是靠海洋吃饭,医院是靠病人吃饭,那么,这个小城市就是凭借科学才能有饭吃。本生的父亲是格丁根大学的知名教授。自然,一位教授的儿子,很有才能,长大了成为学者,是理所应当的。

1828年,也是本生十七岁那年,他中学毕业,升入大学。三年以后,他成了一位科学博士,开始漫游欧洲。

本生坐马车和徒步,用了一年半的时间,完成了他的游历。他访问过各个地方的各种工厂,有冶金的,有化工的,还有制糖的。他还下过矿井,也登过雪山。同时也拜访过德国、法国、瑞士和奥地利等国的著名化学家。在法国圣德田,他平生第一次看见了不用马拉就能沿着铁道奔驰的火车,那时他的视野开阔了。

回到故乡格丁根以后,这位年轻的博士踏上了父亲曾经走过的道路,当上了大学副教授,主讲化学。

那是1834年的一天。本生的生活每天都差不多,讲课,上实验室,再讲课,再上实验室……

如此生活了二十五年,哪怕到了五十岁还是这样,乃至到了七十岁还是这样生活。清晨,天刚亮,他就坐到了桌边开始写写算算,检查实验结果,时间到了就去上课。下了课，就去实验室，到了中午吃午饭。饭后，同朋友去散步，然后又回到了实验室。

有些时候，也许会发生一些事故，改变他的生活方式。这事故不是可怕的疾病，本生的一生中，还没有得过大病。也不是失恋，他好像没有爱过谁。

更不是家里发生什么不幸的事，他一辈子都是个单身汉。他从不参加社会活动，也懂得如何躲避政治……

作为化学家的本生唯一可能遇到的事故，只能是爆炸和中毒；这差不多是每一位化学家在工作中都有可能遇到的事故。

本生是一位研究复杂化学物质"二甲胂"的出色化学家，名重一时。就在初期的实验中，他的实验室里发生了一场意外——爆炸，他失去了一只眼睛，还差点儿中了有毒蒸气的毒而死去。

本生一次又一次地想出了好多种新颖的分析方法，能够用更迅速、更精确的方法查明各种物质的成分。他是一位杰出的化学分析专家。常有青年化学家和大学生，不辞辛苦，长途跋涉，从世界各地来向他请教。

他的科学工作当然不止于化学分析这一项。他还有很多种伟大的发现，发明了多种有价值的仪器和实验装置。

还是本生的一个朋友评价得好，本生一生最大的发现，不是其他的，而是他"发现"了基尔霍夫。

1851年，本生受聘到布勒斯劳（现在的夫罗茨拉夫）担任化学教授，本生也是在那里"发现"了基尔霍夫。他们俩一见面，就有一种相见恨晚的感觉，成了极好的朋友。

基尔霍夫的生活和本生差不多，都是那种少变化而又平静的教授生活。

论才能，基尔霍夫也不亚于本生，不过他研究的是物理和数学，而不是化学。

两位好朋友的外貌不怎么协调。

他们顺着布勒斯劳的大街漫步时，回头率还是挺高的。天啊，这是太不相称的"一对"！

你想象一下：本生是一个高个子、肩膀宽宽的男子汉，嘴里叼着雪茄，头上还戴一顶高高的圆筒帽，高高大大，几乎能够到二层楼的窗口。而他身边亦步亦趋的那个人，又矮又小，老在不停地甩动着两只胳膊，这就是基尔霍夫。

本生比较喜静，不大爱说话，而基尔霍夫则是口若悬河，总是说个不停。小时候，母亲不得不时时提醒他那张贫得厉害的嘴，快闭上吧，小优丽雅，闭上嘴……把嘴闭上会儿，小优丽雅。

妈妈叫他优丽雅，是因为他很瘦弱，像女孩子一样娇小。

基尔霍夫喜欢文艺，爱好朗诵，一段时间里还是一个戏迷。这一切都不阻碍他和本生交流，除了科学什么也不想知道的本生，和基尔霍夫建立了很深的友谊。

他们认识后，过了一年多的时间，本生被邀请到德国一所历史最悠久、办得最好的大学——海德堡大学去教书，他们俩不得不分开一段日子。本生到了那里，对基尔霍夫十分想念。基尔霍夫也很想念本生。结果本生设法也让他的这位朋友到海德堡大学来教书。

现在，这两位志同道合的朋友又能够一起交流了。他们几乎天天都要去海德堡郊区的丘陵起伏地带漫步很长时间，有时他们也会邀请几位本地的教授参加。在这样的散步中，基尔霍夫和本生也有了轻松的时刻来分享各自的实验和科学工作。

没过多久，他们真的因为一个共同的目标而一起合作了。

21. 火焰的颜色

1854年，海德堡办了一个瓦斯工厂。瓦斯管道已经铺设到本生的实验室里了。本生需要瓦斯灯，但当时的瓦斯灯里，并没有他想要的。他用他的聪明才智发明了一种很绝妙的新式瓦斯灯。

本生发明的新式灯不冒烟，不能随意调节，它的灯焰是极热、极清洁而且没有任何颜色的，热度也变得低一点，可是火舌大些。如果你愿意，也可以在灯头上留下一个极小极小的火舌，灯却不会熄灭。

这是一种简单而又非常便利的灯，今天世界上所有的实验室还在使用呢。这就是著名的本生灯。

本生特别喜欢火。他有很好的吹玻璃手艺，能将熔融的玻璃吹制成各种各样的化学仪器。有时候，他一连好几个钟头坐在桌边，拉着风箱，吹用来焊接的火焰。他那两只看起来笨笨的大手，却能够非常灵巧地转动火焰中的玻璃块儿，与此同时还需全神贯注地往熔融的玻璃里吹气，直至把它变成自己想要的形状。他能把金属焊在玻璃中、把两根玻璃管焊上、把两个装置结合上，入神时，常常用他那双大手直接去拿已经烧软了的玻璃，好像这手不是他的一样，不知道疼痛，也许他的手是耐热的，并不是由血和肉组成的。

"一会儿你就会闻到那熟悉的烤肉味儿。"学生们看见这位教授坐到焊接管旁的时候，通常会这样说。

其实，本生的手也是肉做的，有时真的会冒烟。那时的本生，还是不肯放下手中炽热的玻璃。实在痛得忍不住了，才会使用一种特殊的、本生式的办法来止痛：用烫痛了的手指使劲捏住耳垂。

由此，他那两只"耐火"的手也全校闻名了。

本生及学生在实验室

本生在焊接玻璃和吹风的时候，对于火焰的颜色的变化并没有过多的注意。当他开始使用他自己制造的瓦斯灯之后，这种火焰颜色的变化才引起他的注意。

他的瓦斯灯平时燃烧时灯焰总是呈现微弱的浅蓝色光芒，温度很高。

可是如果插进一根玻璃管，无色的灯焰就马上变成浅黄色。

灯焰如果钻进了灯头内部，铜会被烧红，灯焰呈现绿色。如果再加入一小块钾盐，灯焰又变成略带粉红的淡紫色。

一次，本生用一根白金，把各种物质送进灯焰中。结果如何呢？原本无色的瓦斯灯灯焰竟显示出各种颜色的组合色，极其美丽，变得像彩灯一样。

加入一小粒锶，灯焰变成明亮的紫红色。

钙——砖红色。

钠——明亮的黄色。

钡——绿色。

……

本生了解，凭着火焰的颜色来认识物质的组成这种想法很早就有了。人们都没能成功，是因为那时实验室只有酒精灯，而酒精灯的火焰本身就有颜色。本生灯的火焰是无色的，现象显示得很明显。

"太好啦。"本生很兴奋，"只需要几秒，就可以把物质的组成成分很容易地检查明白！"

作为分析化学专家的本生，普通化学分析是多么费事他自然心中有数。为了弄清楚组成物质的元素种类，总得忙碌几小时甚至几天。现在呢，似乎不那么复杂，只需要把一小粒物质放在灯焰上，这种物质里含有哪些元素就清晰明了了！

实际的情况是他想的这样吗？是这样，但又不完全是这样。

如果那物质里只含有一种元素，譬如说钾或锶，没有其他杂质，那就容易了。灯焰会是洁净而且明亮的淡紫色或紫红色。有种情形很常见，一种待分析的物质是由几种不同的元素组成，那时，就算是在最干净的本生灯焰里燃烧，也不能分辨出颜色。道理很简单，几种颜色会混合在一起，影响你的分辨。

本生为了能把每一种颜色分清，曾经尝试过种种巧妙的方法。

他试着通过蓝色玻璃来观察灯焰颜色。有时候，他也能看出钾的淡紫色或锂的红色，用肉眼看时，那是一片钠的深黄色。

原来透过蓝色玻璃看，黄色就看不见了，而淡紫色就看得清清楚楚。可这种方法不太可靠。用这种方法来检查物质的组成，成功率是百分之一。

有一天，在散步的时候，本生把他的这种经历和基尔霍夫说了。

基尔霍夫听后，回答说："我是研究物理的，我要是你，我要换一个方法。依我看，你别直接观察火焰了，应该观察的是火焰的光谱。光谱可是能把各种颜色都读出来的。"

本生对这个想法很赞同。他俩决定开始合作，把这个想法变为现实。

　　他们的谈话是在 1859 年秋初。这段谈话对于整个科学界影响巨大。现在有必要说一下米·瓦·罗蒙诺索夫当年欣赏、歌颂和研究虹中颜色的性质的故事了。

22. 节日的焰火和俄罗斯科学之父

圣彼得堡的夏天是很凉爽的。

18世纪中叶，那天是伊丽莎白女王加冕的日子。在涅瓦河河畔，那一带正对着科学院，只听锤、锯、刨的响声混杂在一起。木匠在锯木料、钉板子，正为做一个庞大的木筏做着准备。这些木筏上装载着一些高架、轮盘、梯子、平台，用花串、灯笼和服饰华美的木偶做了装饰。这些木偶大小不一，有的一人高，还有的像童话里的巨人一样高大。

你看到的青山绿水，山坡和麦浪起伏的田野，还有白云飘飘的天空，那是能工巧匠的杰作，是用锦、缎以及绒的帷幕和布景做成的。

过了中午，人群如流水般朝着涅瓦河中央涌来，人们知道规模空前的花炮表演开幕了，大家都过来看热闹。各种颜色的火花冲入云霄，甚是美丽。变化多端的焰火，花样新奇，吃惊的人们在欢呼着。

那木筏做成的舞台中央，有一个庞大的"中国轮盘"，一边旋转，一边喷射出各种颜色的火花，就像一个巨大的太阳。美丽的仙女站在那美丽的光圈中间。在仙女脚边有一些小仙女，在木筏两旁，有绿色和紫色的火花冲入高空，加之美景相称，更加美丽。

人群中，有知晓火花秘密的魔法师，还有花炮匠，还有一个人在往来穿梭，他对这美妙的焰火不觉得神秘。他宽肩膀，个子很高，头上戴着象征身份的假发，上身披着一件金线绣花的缎坎肩。腿上穿着齐膝短裤，脚上是一双长筒袜和带扣的便鞋。他给人的感觉是举止有些生硬，但声音洪亮，语言有时很犀利，但看上去又有一些平易近人，让人一看就知道他与其他的官场显贵和差役们是大不相同的。

他有着古板倔强的性格和聪明的才智，这一切显得是那么特别，鹤立鸡群，其实在整个伊丽莎白王朝中，他都是个奇人。不难猜出这个戴假发、披坎肩的大个子是谁，没错，他就是俄罗斯科学之父，同时也是霍尔莫戈尔一个渔夫的儿子，他叫米·瓦·罗蒙诺索夫。

罗蒙诺索夫不是简单地过来观看表演的。他得到女皇的旨意，为这个盛大的节日当导演，编制出不寻常的节目单，为布景起草稿，还要写出供人歌唱的诗篇。

罗蒙诺索夫同时还是花炮的技术指导，如何给焰火增加新色彩，如何制造响声更大的爆竹，如何才能使一股股的火花喷射得更高、更有力，都是他的工作。

罗蒙诺索夫做完节日工作后，自然会回到自己的实验室。他的实验室也是俄国的第一所实验室，距涅瓦河很近，实验室建在科学院后院的"植物宫"里。到了实验室，罗蒙诺索夫摘掉假发，脱下坎肩，像是个中学生，把笔别在耳朵上，坐在摆着瓶瓶罐罐的桌子旁。

在科学院的工作报告上，罗蒙诺索夫把自己没有出席庆祝会和院务会的理由常常写成"实验工作太忙了"。他的实验室并不是很大，室内陈设简易。在第一间大屋子中有一个砌成的火炉，火炉上装着罩子和烟囱，这炉子的主要作用是通过有害气体。还有第二间屋子，面积相对小一些，那里是罗蒙诺索夫讲课的教室。剩下的第三间屋子，是个储藏室，里面储藏着实验用的化学药品和仪器。还有一张桌子，桌上的木制天平和一本化学笔记簿是他经常使用的。那本子，也记载着罗蒙诺索夫的灵魂。

笔记里写有这么一段话：

"几种物质掺在一起时，会产生各种各样的颜色……这种颜色代表的物质，可以用光学仪器查出其实质。"

仔细读读这句话你就知道了，罗蒙诺索夫是第一个道出了物质的各种性质同其所产生火焰的颜色之间有着特殊关系的科学家。

罗蒙诺索夫当年写这条记录的时候，关于物质的构造是用太多的不合理和本身就很矛盾的理论解释的。那时的主流还是燃素学说。

罗蒙诺索夫也怀疑这个被推崇的燃素学说。他也研究过铁屑，用他的木制天平就查出了物质在整个反应过程中质量不变的定律，这比拉瓦锡的发现要早很久。

在罗蒙诺索夫生活的时代，并没有元素的概念。但那时罗蒙诺索夫就开始猜测物质的构成了。

他曾经在工作笔记上写道："朱砂里面含有水银。就是用当时最好的显微镜，也不能够看到其中的水银。这种看不到的水银，只有通过化学方法才能够知晓它的性质。这揭开了自然界物质内部的构成的巨大帷幕，这就是化学的力量。"

火焰和花炮差不多，爆发了，之后会熄灭。如何能够把它的脚印留下呢？有很多物质，放在温度最高的火炉中，也没有熔化，这是燃烧吗？那么，火焰的颜色与物质性质之间的关系的谜团该如何去揭穿呢？

罗蒙诺索夫那时候的科研条件并不好，但他具有极强的领悟能力，随便举几个例子，就会让你敬佩不已。

他没有相机能把火焰拍下来，也没有电弧能把物体熔化。至于更为先进的分光镜，那就更没有了。

罗蒙诺索夫非常聪明，他把天边的虹当自己的分光镜使用，太阳的日珥光芒就是他的电弧。

通过查看流传下来的科学书籍、颂诗及随诗寄发的书信，他就已经对火焰的颜色有了独到的想法，这种学问后来被称为谱线。

罗蒙诺索夫真的是太伟大了！

23. 牛顿和太阳影儿的那些事

1666 年，青年时代的伊萨克·牛顿，那时已经是一位科学家了，他生活在英国的一个城市名叫剑桥，一连几天都在研究那些十分诡异的实验。

令所有人都惊讶，他那是在逗弄太阳影。长时间在一间黑暗屋子里的牛顿，从容地忙碌着，在那里不知道摸索着什么，有时神经质地自言自语嘟哝几句。可能是他怕热吧，小黑屋子还是很凉快的。可是他把所有的缝隙都遮得严严实实的，屋子里很闷很热。他的装扮是当时比较流行的，头上也戴着很重的假发。他在闷热的黑屋里热得大汗淋漓，谁也搞不清楚，现在的街上是清风徐徐，非常凉爽，他发什么神经要把自己关在这么一个小黑屋里？

他试着让太阳的影落在自己的纸上，听起来有点不可思议……

屋子里所有的窗子都是不透光的百叶窗，只有一扇上打开了个黄豆般大的小圆孔，一条很细的太阳光能够照进小黑屋里。牛顿一个人在屋子里，安静地踱来踱去，焦急地等待着，一会把手掌或纸片放在光束下面看看，一会又让光线射到远一点的墙壁上。那个明亮的光点就从他的手掌上跳到墙上，一会儿又从墙上跳到纸上，再从纸上跳到他的黑色衣服上。

这个伟大的科学家就是这么贪玩吗？他这究竟是在做什么呢？

伟大的牛顿这样做当然不是在消遣，更不是贪玩，而是在做一项有特别意义的实验。

他拿着玻璃制的三棱镜，就是一块有三条直边的普通玻璃砖，牛顿将这个三棱镜放在射进来的太阳光下，正在思考着。

这玻璃玩意儿也是挺神奇的，能截住光束，那个刚才被玩弄的光点也就消失了，取而代之的是一个长条形的带有颜色的光带。

"刚才的白光上哪儿去了？"当牛顿首次看到这个神奇的现象时曾这么问自

己。

牛顿一手拿着三棱镜，另一只手在摆弄着。摆摆手，又动动手指头。鲜红色、黄色，也出现了绿色、青色、紫色。可是白光不见了，透过三棱镜，只是看到了赤橙黄绿青蓝紫。牛顿重复做了几次，每一次的结果都是一样的。日光在没有透过三棱镜时，是和平常一样的白光，当通过三棱镜之后，彩虹竟然出现了。

牛顿很惊奇，立即把三棱镜拿开，留在眼前的依旧是原来的那个太阳影，可是一放上三棱镜挡住光线，在墙上就会出现彩虹一样的光芒。

牛顿给这个长条形的彩色光点或像是光带的东西，取名叫光谱。

光谱最上面的一条是红色。下面逐渐变成橙色、黄色、绿色、青色，光谱的最下边两种颜色是蓝色和紫色。

牛顿绞尽脑汁，要把出现这种现象的原因找出来。只要太阳一出来，他就会把百叶窗关上，玩弄那五颜六色的光线。很快天黑了，他才走出那间小黑屋，眼前已经出现了幻觉，在黑夜里那些美丽悦目的彩色光谱还在他的眼前浮动。

他日夜思索着光谱形成的原因，最终还是找到了一个合理的解释。

牛顿认为太阳光并不是真正的白光，虽然日常生活中见到的阳光很像白光。组成阳光的，是一束束极其明亮的且有颜色的光线。我们的肉眼不能将这些同时照来的光线的颜色分辨出来，所以我们看到的太阳光是一片白光。可这些光线穿过三棱镜，三棱镜能够把这些光线分开，它们各自的光路不同，这样，我们就能够看到组成太阳光的各种光线的颜色了。

每一种光线都是和照在百叶窗上的阳光一模一样的小圆光点。红色光点在最上面，那是因为红色光线受到三棱镜的影响最小。紫色光点在几种光的最下面，是因为三棱镜对紫色光线折射的影响最大。其他各种光线的顺序，排列在红色和紫色之间。这些光的排列顺序每次都是一样的。太阳光透过三棱镜，立马会变成一条美丽的彩色光带——光谱，这就是其中的原因。

牛顿如此解释，第一次听到难免有些奇怪。

对于太阳光不是白色的说法我们还是很难接受，但是人们的想象力无限，生活中习以为常的太阳光，没想到其中还有如此奇异的现象，那赤橙黄绿青蓝紫，我们自己是不是也能够制作属于我们自己的彩虹？真的是太伟大的发现了。

今天看来，牛顿对于这个现象的认识是正确的。如果不是那样，那么，我们经常能够见到的阳光照射到透明的露珠和雨滴上时，是看不到那五颜六色的光芒的！

牛顿在那个小黑屋里做了几十次的实验，最终确定太阳光是由各色光线混合的光线，他对这种神奇现象的解释更是合情合理，无懈可击。

牛顿的思维就是不一样，他发现看上去白色的光能被分解成五颜六色的光，那么五颜六色的光透过三棱镜后能够得到白光吗？新的问题来了。

为了证实自己的想法，他用了一种十分巧妙的实验方法：把太阳光谱上的所有能见到的颜色画在一个圆木盘上，再旋转圆木盘。这个旋转着的木盘，看上去就几乎是白色的。

其实，这个木盘上面有各种颜色，就是没有一点白色。

24. 夫琅禾费谱线

太阳光和本生灯有什么关系呢？欲知为何，且耐心听解。

你知道牛顿当年查出了什么？

他在一间小黑屋里研究出太阳光并不是由一种光线组成，更不可思议的是，组成太阳光的竟然是几种固定的光线。我们又知道了三棱镜对光的折射作用能够把太阳光分解。

那么，我们要问，除了太阳光之外的人造光，例如酒精灯的光或烛光等，是不是也和太阳光一样是由各种颜色的光组成的？

答案是肯定的，灯和火焰的光芒，也可以分解成各种颜色。在1814年，德国光学家夫琅禾费曾经研究过灯光的光谱，想找出只发出一种颜色光的光源。他曾经想造出几块优良的放大镜，他需要单色的光，来检查一下放大镜的品质。

遗憾的是夫琅禾费并没有找到纯净的单色光源，可是实验中却发现了几件有趣的事情。

夫琅禾费像牛顿一样，也有一间小黑屋子。不同的是他的小黑屋没有与外界相通的光洞孔，却把窗或门留一个狭缝。他把一盏灯放在室外从那条狭缝观察，之后把一支窥管装在三棱镜后面，以此来收集灯焰所产生的光谱。

这个窥管是很有效果的，三棱镜是使用特制的玻璃制作的，能让各色光线向不同的方向散开，分布得很宽。因此，他能得到很长的光谱，既鲜艳，又清晰。

夫琅禾费把油灯摆在狭缝跟前。当他向窥管内看时，里面出现了两条大小相等的并且相当明亮的黄色光线，排出一条彩色谱带。

他转转管内的透镜，又看了一两次，黄线的位置并没有动。夫琅禾费觉得原因一定是在油灯所发出的全部光线中，有两条是最明亮的，因此，才能在众多的光线中那么突出。

夫琅禾费用酒精灯换掉油灯，那两条黄线依旧还在。

要是换用蜡烛，黄线仍然很突出。值得一提的是，尽管光源改变，黄线出现的位置却没有变过。当然，这是在窥管和三棱镜没有挪动位置的前提下出现的现象。

夫琅禾费还想从太阳光谱中找到这两条黄线。自然是没能找到。他发现：太阳光谱中有许多条黑线横断在一条又长又亮的彩色谱带上。

夫琅禾费数了数黑线的条数，竟然有五百条以上。这五百多条长短粗细都和狭缝相等的黑线，它们各自的位置却没有改变。有的深一些，有的浅一些，还有的在光谱的明亮背景上显得漆黑，为了看上去清楚，他用拉丁字母 A、B、C、D 等来给那些看得清楚的黑线做了标记。

"好奇怪！"夫琅禾费盯住黑线，心里琢磨，"太阳光里怎么像少了几种颜色似的！"

他看着出现的这些黑线，仔仔细细地观察一会儿后，更为惊异了。原来最黑的线条在 D 的位置，这恰恰和他以前在蜡烛和油灯的光谱中所看到的明亮黄线的位置一样。

在白天，日光照进狭缝的时候，在日光彩色谱上固定的地方，总会出现两条黑线……到了晚上，把油灯或者蜡烛放在狭缝前面，也是在光谱中的同一位置，会看到一对明亮的黄线。这两对线大小长度都是相吻合的。

换句话说，在人工照明灯里最亮的光线，太阳光里面是没有的。

这好奇怪，这种现象还真的没办法解释啊！

在夫琅禾费以后，自然会有很多科学家对各种光源所产生的光谱进行仔细的研究。在三棱镜前，试着摆过牛油烛、电火花，十之八九会在光谱中发现最亮的黄线，当然，也有其他的颜色光亮的光线。

人们从太阳光谱里还找到了许多条新的黑线，这些黑线后来都被称为夫琅禾费谱线。这其中的原因就没有人能说明白了，油灯和电弧的光谱里会有颜色光谱出现，可是太阳光谱里却出现了黑色的谱线。当初那群科学家差一点点就把谜团解开了。

光阴似水，一直等到基尔霍夫和本生出现，人们才真正地明白了其中的奥秘。

25. 光谱分析术

基尔霍夫和本生二人商量好后，觉得实验之初需要制作观察光谱的仪器——分光镜。

在一个明朗的日子，基尔霍夫带着一个雪茄烟盒和两个旧的望远镜镜筒，来到本生的实验室。他俩要用这几件简单的东西制作分光镜。

他们俩在一个镜筒的一边开了条狭小的细缝，这样平行光管就做成了，他们把光射进平行光管。其实，他俩制作的平行光管和牛顿小黑屋里那带孔百叶窗的作用一样。

光刚一通过平行光管，接着就用上三棱镜，为了不让外面的光影响到观察，用雪茄烟盒罩住三棱镜，在盒子里面还糊了一层黑纸。

三棱镜将光线折射，形成光谱。基尔霍夫和本生就像当年夫琅禾费那样，通过第二个镜筒，也就是窥管，观察光谱。

他们两个人合作，基尔霍夫负责安装分光镜，本生则提纯要使用的物质，以便研究。他一次又一次地将各种不同的盐溶解在水里，再把它们从水溶液里析出，然后再过滤、冲洗，再溶解来提纯。

这是枯燥而乏味的工作。本生的耐心和毅力是他从小就参加训练培养出来的。两位知己合作得相当默契，考虑周密，很快就出了成果。

基尔霍夫一开始用一面镜子让阳光通过狭缝，主要是检验仪器。透过窥管口，看到里面出现彩色的光谱，自然出现了夫琅禾费谱线。

一切检验好后，用窗帘遮好窗户，在平行光管的管缝前，点燃本生灯。

分光镜里是一片漆黑，基尔霍夫把眼睛凑到窥管口观看，里面的微光若隐若现。

本生灯的灯焰很热，比钢水还热。只是有个问题，无论灯焰离得多近，也看不到光谱。这正是他们想要的效果。

实验准备就绪，下面要开始用本生灯研究物质的火焰了。首先放入灯焰的是纯食盐，学名氯化钠，是由氯和钠两种元素组成。本生用一根白金丝沾了一小粒食盐，送进灯焰里，灯焰的颜色马上就变成了明亮的黄色。基尔霍夫马上在窥管口观看现象。

"怎么只有两条黄线并排在一起，其他的什么都没有了？在黑色的背景上，只有两条黄黄的空隙。"他说。

之后又换用钠的其他化合物，所观察到的依然还是两条黄线。如碳酸钠（又名苏打）、硫酸钠、硝酸钠（又名硝石），这些钠盐所产生的光谱，竟然都是一样的，黑色的背景上同样出现两条明亮的黄线，这两条黄线的位置依旧相同。

这是否说明：钠盐受到高温加热，立刻分解，钠会马上化为白热的蒸气，白热的蒸气就发出了永远不变的黄光？

钠盐挥发完之后，本生灯灯焰就会恢复无色的原状。本生把白金丝洗得干干净净，放在火里烧了烧，又沾了几粒钾盐继续做实验。这一次，看到了鲜嫩的淡紫色。基尔霍夫凑到窥管口前看这个火焰。足有好几秒钟，实验室里静悄悄的。

"基尔霍夫，怎么看这么久，你看见了什么？"本生问。

"我看见黑暗的背景上，有一条紫线和一条红线。两条谱线当中的光谱，几乎是连成一片，其他的什么都没有了。"

把所有的锂盐都做了这个实验，都是产生一条明亮的红线和一条较暗的橙线。

在所有锶盐的光谱上，都是一条明亮的蓝线和几条暗红线。

总而言之，元素都有自己独特的光谱线。看来，不同元素的白热蒸气都能产生固定的且是独有的颜色光线，三棱镜就把这些光线分别折射到它们各自独有的位置上。

基尔霍夫和本生对这美丽的光谱的发现很开心。为了更好地做实验，本生还做了一个特别的座子，可以代替人手抓住白金丝做实验了。有了这个座子，就可以安安静静地观察火焰的颜色了。

他俩看得眼睛都花了，正在兴头上的基尔霍夫还不想走。

他说："我们应该把这一切都画出来。把这些光谱记录在纸上，以后才好做比较。"

"等等，"本生拦住他，"还有一个重要的问题我们没有弄清楚，如果往火焰里同时加入不同类别的盐，如钠盐、钾盐和钽盐一起加入的时候，那时的光会成什么样呢？"

他们决定马上用混合物来做实验，这个实验一定要做，做完再休息。两个人都期待着结果，想知道究竟能不能通过光谱来查明化合物的组成。

关键的时刻到了。基尔霍夫更是紧张地踱来踱去，用手揉揉他那发酸的眼睛。本生和往常一样的平静，正在细心地把几种盐慢慢掺和在一起。然后用白金丝沾上几粒混合物放在火焰里。在空气中，火焰是明亮的黄色。钠的颜色竟然盖过了其他物质的颜色。

在分光镜中会是什么样呢？基尔霍夫看了许久，屋子里静悄悄的。火焰里，沙沙作响。紧张的本生拿着白金丝，手都有点哆嗦了。

最后，基尔霍夫兴奋地说："你究竟掺和了哪几种盐，我都能猜出来。这里有钠、有钾、有锂，还有锶，是不是？"

"太对了！"本生激动地叫了起来。

接着，他马上也去分光镜的窥管前看看这神奇的现象。

神奇的现象出现了，它们出现了各自的光谱，条条都在自己独有的位置上。最亮的是钠的两条黄线。钾的紫线，锂的红线，锶的蓝线，都有自己的光谱，看得清清楚楚。

这好比我们在人群中要找个人，当我们发现了他的脸，自然就找到这个人了，现在要从这个混合物里找出其组成的元素，凭着元素的白热蒸气所发出的独有的光线，里面有什么元素自然都找到了。主要的功臣是三棱镜，它能把各种元素所发出的光线分开，这些光线都有自己的位置，互相不会有任何干扰，这样就简单明了了。

基尔霍夫和本生可以庆祝一下了。他们成功了，成功找到一个对物质进行化学研究的全新方法——光谱分析术，这是物理和化学结合的有效方法，也是科学史上崭新的开始。

26. 白昼点灯，大找特找

随着日子一天天过去，转眼间金黄色的秋季悄无声息地到来了，海德堡的花园被装扮得美丽动人。在环城一带多林的丘陵附近，尽是各种浓淡的红色与黄色，分外妖娆，和光谱上的红黄部分很相像。清新的空气中带有微微寒意，这真是郊游的大好时节。此时的本生和基尔霍夫不能把时间消磨在那漫长的散步中。他们在实验室里埋头工作，正在愉快而热情地忙碌着。

他俩用简单轻便又很神奇的工具，把世界的秘密揭露出来。这两个好朋友，一开始工作就有全新的发现，新发现不断地出现，辛苦与疲倦早都被忘记了。

你可知道分光镜这个看似简易的装置，它的灵敏度有多高吗？打个比方，能够精确称量细砂的最为复杂也最精确的天平，和分光镜相比也显得有些笨拙。

本生灯哪怕落入再少的钠，分光镜中都能出现那对黄线，这就是最好的说明。

如果你认为一小粒钠盐有：1 克？0.5 克？0.01 克？抑或 0.001 克，那也就是 1 毫克吧？

其实，一小粒钠或钠盐，只要重量在 1 毫克的三百万分之一左右，分光镜就能够将灯焰中的黄光分辨出来。

1 毫克的三百万分之一，多么轻的重量啊！

就那么一点点少得令人难以置信的钠，都能被分光镜辨别，分光镜的精确度可想而知！

这就是分光镜为什么成了夫琅禾费和以后的科学家们观察光谱的利器的原因。黄线都是钠燃烧产生的！

那么微量的钠是无处不在的。哪怕本生用手指去接触已经极洁净的白金丝，哪怕只接触一秒钟，手指中的食盐也会悄悄地跑到白金丝上。人的汗液里面就含有食盐。这就是本生一把白金丝送进灯焰，光谱中就马上出现黄线的原因了。

一本蒙上了灰尘的书，在离本生灯不远的地方，"啪"的一声将它合起来，在原本无色的灯焰里，黄色的火星儿就会立即出现，至于"铁面无私"的分光镜里只要出现了黄线，那么就是有钠盐出现。可是，书里的钠来自哪里？也许是从海洋中来的。

那里离大海不远，海风会把含盐的海水的极细水沫吹到几千千米外的陆地上，这其中就有肉眼看不见的钠盐微粒。这些钠盐微粒，和尘埃一起在空中飞舞，散落得到处都是。因此，哪怕只有一点儿灰尘被吹进了本生灯焰，分光镜都能够发现钠元素。

本生和基尔霍夫还调查出，人们生活的环境是"很肮脏"的。几乎每一种物质，无论它看上去多么纯净，里面还是会含有"脏"东西。这些都能够通过分光镜来证实。

"杂质，虽然很少，可能只是一克的千万分之几或百万分之几，甚至更少，可还是会有。"

这和猎狗仅凭刚闻到的气味就能搜寻逃犯一样，分光镜也可以在最意想不到的地方发现各种物质所留下的极小的痕迹。光谱上的那些明亮线条好像在告诉两位科学家：

"这里面含有钠。除此之外还有钾、锶、钡、镁，甚至还有很多种无法想到的元素藏在里面。"

有一天，基尔霍夫一大早就来到实验室，没想到被本生的一句话吓了一跳：

"我竟然在烟灰中找到了锂元素！"

在此之前，人们认为锂和钠、钾这种同族的最轻的金属，是这个世界上最稀少的元素之一。那时人们还只能从地球上仅有的几处地方偶然才能找到三四种矿物里含有锂元素。

现在竟然在普通的烟草里找到了锂！竟然是利用简易却不简单的分光镜找到的。

经过多次实验，本生和基尔霍夫不只是在烟草中找到锂，几乎每天的实验中都能够发现它的存在。

在普通花岗石中发现了锂。在大西洋的咸水里、河水里乃至极清洁的冰泉里，到处都有锂元素的存在。后来在茶里、牛奶里、葡萄里、人的血液里、动物的肌肉里也发现了锂，甚至在天外来客流星中都有锂的存在。

自从有了分光镜这把利剑，本生和基尔霍夫一连几个星期都在做猎取元素的工作。实验之初，他们从手头现有的各种石块或者化学试剂中去发现大量组成其成分的各种元素。随着实验的增多，他们逐渐发现了一些规律，这种猎取元素的工作也慢慢失去了吸引力。他们进一步思考，一心想要发现以前没有被人们发现的全新的元素。

事实上，一定会有一些还没有被人们发现的新元素藏在哪里，只是它们在自然界的含量很少很少，还没有被化学家们发现。现在有了分光镜这个极为精确的仪器，哪怕物质再少，少到一克的百万分之几甚至是十亿分之几，分光镜都能够把其查看得清清楚楚。于是两位伟大的科学家开始了寻找这类未知元素的征程。

在这条热火朝天的寻找未知元素的路途上，他们忽然发现了一件惊人的事情，以致没有精力也没有兴趣去寻找新的元素了。

改变这一切的就是太阳光谱上的黑线，那有着未解之谜的夫琅禾费谱线。

27. 日光和石灰光

一天，基尔霍夫对本生说："本生，你知道的，我一直在想……"

"一直在想新元素，是吧？"本生打断了他的话。

"不是，真不是，我是在思考夫琅禾费谱线。这条神奇的线究竟意味着什么呢？太阳光谱会全部被那些黑线弄得花花绿绿，这多么神奇啊！现在许多东西咱们都能解释清楚。可是那些黑线是从哪儿来的，关键的问题还没有弄明白呢。"

"经你一说，还真是这样。不过，我的兴趣还是在发现新元素上。"

"不，本生，你想想，钠的黄线和太阳光谱上的黑线 D，一直是同一个位置，这是什么原因？我觉得这不是巧合，它们之间一定有一种未知的联系。"

经过这次谈话，只要是遇到晴朗的日子，基尔霍夫就仔细研究太阳光谱。为了更好地观察，他将分光镜升级了，在分光镜里装上了一把带刻度的标尺。这样，能够将出现的每一条线的位置定位得清清楚楚，没有任何误差。

透过平行光管的管缝把太阳光看得清清楚楚。在三棱镜后面出现了一条又大又亮的连续光谱。光谱上没有一条明线，看见的只是一段段不同的颜色，正在慢慢地从一种变成另一种。那些短一点的黑色的夫琅禾费谱线，和栅栏一样，占据了光谱中最明亮的位置。基尔霍夫在标尺上找到了钠的黄线的位置，而在这里自然是看不到钠线的。奇怪的是在钠线的位置上，总是出现那一条很粗的黑线，即黑线 D。

之后，基尔霍夫把日光遮住，在平行光管前摆上本生灯，向灯焰里放进一些钠盐。现在仔细观看时，色彩斑斓、华丽悦目的太阳光谱自然是不见了，取而代之的是一对黄线。

此时，基尔霍夫的脑海里出现了一个想法，接着下了决定：

"现在我们再把日光送进这平行光管中。就是说，把本生灯的光芒和太阳光一起射进平行光管里，看看两种光谱彼此重叠的情形，我想这一定很有意思。"

为了防止明亮的日光完全掩盖钠的火焰的光芒，他又在射进日光的光路上装置了一块磨砂玻璃。太阳光变得柔和无力地照在本生灯灯焰上，之后，再加入钠盐，两种不同的光就一起射进来了。

此时此刻，在分光镜中又是怎样一种情景呢？

不仔细看的话，分光镜里出现的只是一条不太明亮的普通的太阳光谱。只是有一点不同：钠的黄色谱线在夫琅禾费谱线 D 的位置上，两种光谱重叠在一起，这也是在意料之中。

基尔霍夫再次把太阳光的亮度稍微增加了点，钠的谱线还在那里，并没有改变。最后，他让太阳光完整地通过狭缝，这时候看到的景象让人惊叫，原来明亮的钠线忽然失踪，取而代之的是那条很粗的黑线，即使灯焰依旧闪耀着明亮的黄光，在光谱里钠线的位置上却出现了个黑黑的空隙。基尔霍夫被这种奇怪的现象震惊了。

让他最惊奇的是，黑线 D 现在是异常清晰，比单纯的太阳光线照进来时明亮许多，比以往观察到的夫琅禾费谱线更醒目。就在这个时候，白热的钠蒸气发出的明亮光线，因为三棱镜的折射作用，依然把黄光照进狭缝内，光线的位置依旧是先前的位置。

那明亮的黄色的钠线，在强烈的太阳光谱的背景上，显得比单独观看时苍白许多，对于此，基尔霍夫并不觉得奇怪。因为灯焰和太阳光相比弱很多。可是这黄色的钠线竟然失踪完全被黑线 D 取代，这就是一个谜了。

基尔霍夫不再看分光镜，陷入了深深的沉思中，喃喃自语：

"好像以我们现在所掌握的情况还不能将此解释清楚。"

这时本生已经离开实验室了，基尔霍夫就让助手在分光镜前放上发射石灰光的仪器。

如果想要产生石灰光，需要两根管子，一起放出氢气和氧气，之后点上火。氢气在纯氧中会燃烧。再把高热的火焰喷射到纯石灰棒上，石灰被烧红，就会发出耀眼的光。

这种实验方法是英国人德鲁蒙得发明的，因此这种石灰光又叫德鲁蒙得光。

石灰被烧得炽热，不像发光的蒸气那样，能够产生一条条的明线，它产生的是没有明线却连续均匀的光谱。这光谱和太阳光谱很像，唯一不同的是没有黑线。

可是此时的基尔霍夫要用石灰光干什么呢？

他用石灰光扮演人造太阳的角色。基尔霍夫决定让石灰光先和含钠的火焰的光一起射入分光镜内。原来他是想看看钠的黄色光谱和石灰光一起出现，会发生什么变化，和明亮的太阳光谱是否一样。

起初，他把石灰光单独直接射进狭缝，观察其中的现象。

分光镜里见到的是一条展开的清洁的连续的线，至于上面的明线是没有的。

之后，他就把石灰光遮住，在灯焰中撒入钠盐，推到狭缝前。

神奇的现象出现了，在石灰光谱的黄色部分，立马出现一条清晰的黑线 D。

"没想到人造夫琅禾费谱线竟然是这样！"基尔霍夫自言自语，"我好像明白了其中的道理。要想使光谱中出现黑线，需要让光通过另一种发光的物体，好比现在的金属钠的火焰一样。事实已经很明显，钠的火焰不仅能发出黄色光线，它还吸收外来的黄色光线，也就是说它能吸收外来光源的同一种光线。它会和这外来的光线一起映在本身的光谱上。石灰光谱上会出现黑线还占据黄线的位置，就是这个原因了。当然，灯焰本身所产生的黄色光线并没有消失，还是分散到它固有的位置上。金属钠的光芒和强烈的石灰光相比，就显得太弱了。因此，对于人的肉眼来说，我们看见的在石灰光或日光的明亮光谱上的那个黑黑的空隙，好像没有受到照明一样。"

正在这个时候，本生回来了，本生看到他的朋友似乎是有点激动。基尔霍夫看到本生进来了，迫不及待地把这个新发现告诉他，激动得说话都没有条理了。没有办法让本生明白自己说的究竟是什么，就一口气把全部实验重做了一遍。

"你看，这些谱线都是我制造出来的！"他兴奋地说，"现在，我们自己可以在实验室中制造出夫琅禾费谱线了！这真是太棒了！"

28. 太阳的化学

基尔霍夫在那天夜里兴奋得睡不着。他心里琢磨着，想得越多，越兴奋得睡不着觉。

第二天起来，他满脸倦容，来找刚刚下课的本生继续研究。

"本生，"他迫不及待地找到本生，把说早安都忘记了，"我已经把昨天的实验想明白了。这种现象得出的结论也很不寻常，这不寻常的结论连我自己都不敢相信……"

"什么结论？怎么回事？"本生很惊奇。

"太阳里面有钠！你明白我的意思吗？"

"我的意思是说，按照光谱的分析，不仅可以研究地球上的物质，我们还可以研究天体。我们凭着光谱上的明线可以辨认地球上的物质，甚至是太阳上的物质，凭着夫琅禾费谱线，也可以发现。"

这是一种空前大胆的想法，居然要用分析矿物或土块的方法分析太阳和星球！

基尔霍夫就是这样推测的。

太阳的中心有一个坚实的且温度极高的核心，核心周围是一圈由炽热气体所组成的很稀薄的大气。地球上所看到的太阳光，就是太阳的表面发出来的。在这种光里，原本是含有一切颜色的光线，可是每一种光线颜色是由各种深浅不同的颜色组成。假使这种光是在同一光路，穿过太阳周围的炽热气体，那么地球上就能够接收到太阳发过来的所有光线。那样，太阳的光谱就和石灰光谱一样，是清洁且连续的了。

实际上，太阳发出光芒，是必须穿过太阳大气中的那炽热气体的。同样，这些气体也在放光，只是和太阳那炽热而坚实的核心部分所放的光相比，显得弱太多了。如此一来，太阳附近的大气就和基尔霍夫实验室里那含钠火焰的作用相同：它会把太阳光线的一部分吸收、截留。

那么，被截留的那些光去哪里了呢？这些光是组成太阳的元素所发出的。

当太阳光冲出太阳大气，射入较远的宇宙空间时，它已经被削弱，变得稀薄，其中已经缺少很多光线了。地球上所接收到的，进入分光镜中的太阳光，连续的明亮光谱也就没有了，看到的也只是被夫琅禾费谱线所隔断的彩色光谱了。

黑线 D 的位置和明亮的钠黄线的位置一致，以此推断，基尔霍夫可以确信太阳大气中一定含有炽热的钠蒸气，也就是其中含有钠元素。

可是，我们要是退一步想一下，也许黑线 D 和钠的黄线所出现位置吻合的现象只是偶然巧合呢？

这确实是一个疑点，为了弄清楚，他们接下来又用铁做了实验，结果如何呢？

基尔霍夫和本生通过电流得到了铁的发光的炽热蒸气，在光谱中也找到了其相对应的位置。这和太阳光谱对比一下，发现铁的亮线条，每一条都和太阳光谱上的黑线的位置相吻合，就连宽度和清晰度也是完全相同。

总不能说六十条谱线都是偶然巧合吧？

道理很简单。

它们相重合是必然的，太阳大气里含有炽热的铁元素的蒸气，这炽热的蒸气，会把自己所发出的各种光线吸收。

在太阳中发现钠和铁元素仅仅是一个开始，基尔霍夫用同样方法查出太阳中还含有三十种左右的其他元素。

有铜、铅、锡、氢、钾等，这些元素地球上也有。

谁也没有想到，这两位寻找对地球上的物质进行化学分析最简单的方法的科学家，竟然也找到了分析太阳乃至其他星体所含物质的方法。

基尔霍夫于 1859 年 10 月 20 日给柏林科学院寄了关于自己的发现的第一篇报告。没过多久，一份新的报告又被寄出，是关于使用数学方法来证明炽热的气体能吸收自己所发出的各种光线的本领。这样，基尔霍夫有了理论基础。

之后他又进一步做了几种实验和探究。结果是，证明太阳上和我们地球上有很多共同的物质，这些都是最常见的物质。

这些新发现很快在全球传开。基尔霍夫和本生两人的大名变得家喻户晓。想一想：这两位科学家和其他人一样，也是生活在地球上，他俩竟然查清楚了距离我们千百万千米以外的天体是由什么组成的！他们太伟大了！

从此，太阳在人们的心目中，也就不再那么神秘了。同样，其他的天体星球也不是那么遥不可及了。

29. 铯和铷

在 1860 年 5 月，又有一封信从海德堡大学寄往柏林科学院。这次写信的人，不是基尔霍夫，而是本生。当基尔霍夫把全部时间都放在研究遥远的太阳天体上时，本生并没有忘记他对于地球的奥秘的探索——找出全新的元素。

他用本生灯把几百种物质，有矿物、岩石、盐类、各种水、植物灰和动物的肌肉，不断地放进灯焰里燃烧或者用电火花做实验，每天对着分光镜不停地看：有钾，有钙，有钡，有钠，有锂……

现在，本生对这些元素所产生的颜色谱线了如指掌。熟悉到面对每一条谱线，本生不看标注位置的标尺，仅仅凭在光谱上几十条谱线当中的相对位置以及它的色调和亮度，就能轻而易举地辨认出来。就算本生闭上眼睛，也能够知道图谱，那张图谱已经印刻在他的脑中了，日有所思夜有所梦，他常梦见一些黄的、红的、蓝的、紫的谱线是那样的神奇。

突然有一天，本生在这些谱线当中找到了几条自己并不认识的谱线。

那时他正在研究杜尔汉矿泉水。那时的杜尔汉矿泉水是医生们给病人当药喝的，味道有些微苦，看上去和普通的矿泉水一样。

刚开始本生把它的水分蒸发差不多了，取出一滴，滴在灯焰里。

实验之初，通过分光镜观察并没有异样，只看到了其中含有钠、钾、锂、钙、锶。

作为一个细心的分析化学专家，他想："这些物质在杜尔汉矿泉水中如果含量非常多，那它们的谱线一定很明亮。再加上其中的钙和锶，谱线又会多几条。因此，仅仅是一滴矿泉水，假如真的含有未知的微量元素，光谱自然很微弱，肉眼可能就分辨不出。那就把钙、锶、锂赶走，排除这些干扰因素。"

说做就做，他很顺利地就把这三种元素赶走了。这样溶液里只剩下钠盐、钾盐和没有提取尽的极少一点儿锂盐。

把剩下的液体中的一小滴，滴进灯焰里。再看看分光镜里面，他开始激动了。

出现了两条从来没见过的陌生的浅蓝色谱线，安静地躲在钾、钠和锂的谱线当中。

害怕把情况弄错，本生立马去翻阅自己和基尔霍夫所绘制的那本彩色的光谱图表。这张表上并没有任何相关的记录，两条蓝色谱线的这个位置是空缺的。如果是锶，可是锶元素的蓝色光谱只有一条。这里的蓝线，出现了两条。锶元素的痕迹，这里是看不见的。

这是一个全新的元素！

本生又一次把这种液体一滴又一滴地滴入灯焰，这对蓝线一直都出现在那个位置，纹丝不动。仔细观察这对蓝线，他猛然想起儿时曾经读过的关于哥伦布的故事。把时间追溯到1492年，这位西班牙的海军将官乘着一艘普通的轻快的帆船，向没有人去过的海洋深处探险。

一连三十三天，水兵们在船上，看到的都是天连着水，水连着天。他们的希望，一次又一次变成了恐怖和失望，直到那天晚上，他们又一次有了希望。哥伦布在一望无边的海洋上，看见了一点极其微弱的火光，在遥远的西方忽明忽暗。

这是从没有人知道更没有人到过的陆地上发来的信号，这多么动人心弦啊！哥伦布站在船头，落下了欣慰和感动的泪水。

这是绝望过后的希望，激动的心情使他忍不住猜测那夜幕笼罩下的神秘。

那边，微光闪烁的未知陆地上，究竟会有一些什么未知的东西呢？

那里是大陆还是岛屿？是平原还是高山？那黑暗的夜幕下面，会有怎样的奇迹啊？很有可能，那里是个富裕的城市，城里很美丽，有富裕的居民，还可能有金瓦盖顶的建筑和用香瓜大小的钻石砌成的街道。更有可能的是，那里是一片荒无人烟的不毛之地，在荒原边上能有几间原始居民的茅舍就不错了吧。

时间回到现在，谁又相信，这未知元素竟然躲在杜尔汉矿泉水滴中，正在发出两束晶莹的天蓝色光线呢？

海德堡的化学家本生，和那位探险家哥伦布，好像没有什么相似的地方。当他用分光镜看到那未知元素所发出的信号时，当然没有像哥伦布一样流下泪水，他是个坚强的人。此时此刻，他自然也体会到了当年哥伦布那种强烈的幸福感，这也是一个人在即将完成一种期待已久的发现时才会有的幸福感。

在拉丁文里代表天蓝的意思是铯，本生就给新元素起名叫铯。

铯现在是被发现了。接下来就要研究一下这种元素的性质了。

首要问题是如何把它提取出来。

纯净的铯究竟是一种什么样的东西呢？一切都是未知的。

这件事做起来自然有些麻烦。杜尔汉矿泉水中所含的铯是极少的。一杯这种水中所含的铯，也不过是四万分之一克。这么稀少的量，本生要是想弄到一两克铯，那他这辈子什么都不用干了，一辈子都在这里蒸发矿泉水怕都不能完成。

本生可没有这么笨。在离海德堡不远的地方，有一家生产苏打的化工厂。那里有大锅、大池、大炉灶和机器。他去向化工厂老板求助，老板同意了。结果仅仅几个星期的时间，化工厂就替他蒸发了完全按照化工规程处理好的矿泉水有44000升之多。

44000升水是真的不少了，可是本生从这些水里只提取了纯铯盐7克。没有想到的是，他又有了新发现！

故事是这样的，当本生把铯弄到手后，把矿泉水里的杂质去除了，最终在混合液体里只剩下了铯和钾两种盐。在他把那里的钾盐一点一点冲洗掉的时候，分光镜里面出现了新的现象：混合液里的光谱竟然出现两条从没见过的紫线，接着又出现了几条绿线和黄线，最后是几条暗红线，这一切都清清楚楚。

原来在杜尔汉矿泉水里还藏有一种新的元素！

算一下这已经是第59种元素了，它被命名为铷，铷在拉丁文里是暗红色的意思。本生把全部杜尔汉矿泉水处理后，最终得到的铷，居然比铯还多点，足足有10克！

30. 又是 "烈性" 金属

两种新元素分别只收集到了 7 克和 10 克，这点东西的确不多，但在本生这个会精打细算的化学家手中，做研究已经完全够用了。

这 17 克物质，是他绞尽脑汁才从 "老" 元素结合而成的许多种化合物中得到的铯和铷。他要进一步做研究，如它们的滋味怎样，它们是否溶于水，结晶体有多大，熔点、燃点是多少，等等。

经研究发现，铯和铷与钠、钾和锂这些 "烈性" 金属有很多相似的地方。

铯和铷都是很轻的银色金属，但是比锂、钠、钾稍微重些。铯和铷像蜡一般软，甚至比钠、钾还要软些。在空气中燃烧同样会变成苛性碱，在水面上也能着火，并且发出爆响在水面上乱窜，和钾、钠相比，乱窜得更厉害。要想长久地将其保存，也是只有纯煤油才能容得下它们了。

至于铯和铷的氯化物，外表与普通食盐（氯化钠）没有区别。就是最有经验的厨师，不细细研究只怕也会把它当食盐使用。

铯和铷的硝酸盐，很像普通硝石，也就是化学家们所称的硝酸钾，自然它们也是制造上等火药的绝佳原料。

苛性铯和苛性铷这两种碱，摸起来或尝一下，都和肥皂相似，和苛性钠或苛性钾也很像。哪怕是最有经验的制造肥皂的专家，从表面上也看不出其中的分别。

如果用铯和铷制造肥皂也是不错的，就是成本太高，高到每块的成本需要五百个卢布。

31. 太阳元素

这些发现让长久沉溺的科学界再一次被唤醒了，科研思潮再一次复苏，也有越来越多的人来向这两位伟大的科学家学习。

他们利用分光镜发现了好几种新元素的消息，令无数的化学家兴奋。之后在实验室中，使用分光镜来观察元素光谱成为寻找新元素的主流。

大家一起努力地找，自然会有成果啊。

1861 年，英国人克鲁克斯从一家化工厂里弄来了一些不寻常的淤泥，这些淤泥沉淀在制造硫酸的铅室底部。研究发现，在这种淤泥的光谱上，克鲁克斯看到了一条陌生的绿线。

这就是著名的重金属，元素铊。

又过了两年，德国化学家得赫杰尔和莱克斯在锌矿的光谱里也有了新的发现，那颜色蓝得和蓝靛一样。这种新元素，名叫铟（铟就是蓝的意思），是一种白色金属。

五年后，科学家又有了新的发现。不过这一次是由一位天文学家发现的。那新谱线也不是在地球物质的光谱里看到的，而是通过太阳光谱发现的。

那天有日食出现，法国天文学家让逊和英国人洛克尔用分光镜观测太阳，结果令人意外，在平常出现的钠的黄线的旁边，竟然出现了另外一条明亮的黄线。

日食的时候，太阳被月球遮住。只有最上面几层炽热的太阳大气的光芒能穿过，等这些光来到地球已经是很微弱了。这种光的光谱，和普通太阳光谱很不相同。那条陌生的黄线，就是让逊在这个时候发现的。

但这条黄色的谱线代表的是什么呢？

又不能把太阳放进化学烧瓶里加热，更不能扔进工厂锅炉里蒸。

因此，当科学家们谈到让逊的发现时，只能说一句话："太阳上有种新的元素，我们在地球上从来没有见过的元素。"其他的话就不能说了。人们最终决定把这种元素叫氦（氦的希腊文中就是太阳的意思）。现在仅仅是有了名字，可是氦到底是什么东西，什么形状，具有什么样的性质，就没有人能够说出来了。

如果有人能够把这种太阳上才有的物质搞明白，这个发现不仅有趣，更是伟大的。如果在地球上能够找到和它相同的元素或者相似的元素来研究一下也好啊。这个问题，难不成要等到人能搭载火箭登上太阳后才能解决吗？

这可不一定！也许你在阅读本书时，就可以发现这太阳元素氦的秘密了。

现在让我们讲一下俄国的著名化学家德·伊·门捷列夫在自己的书桌上发现了几种新元素的故事吧。

他发现的新元素，并不是肉眼看见的，更不是利用分光镜发现的，他凭借的仅仅是他的智力，就这么简单。

32. 化学的迷宫

在 1867 年，青年化学家德·伊·门捷列夫被圣彼得堡大学聘任为普通化学教授。在全国第一的大学里讲授化学是种崇高的荣誉。为了不辜负这种荣誉，这位年仅三十三岁的教授决定尽自己最大能力做好这份工作。

门捷列夫开始认认真真地备课。他埋头于书刊中，翻出了自己求学时代和参加研究活动多年积累下的札记、笔记和著作，自己又沉浸在世界各国各位著名化学家多年间所想过做过的研究、所确立的事实、实验以及法则的海洋里。他手头所掌握的资料，用来编写一部大学教程已经绰绰有余了。奇怪的是，门捷列夫对于这门科学，可以说是十分熟悉了，可是研究得越明白，自己反而感到越糊涂了。

到了秋天，他开始上课。他讲的课轰动一时，很成功。当时的大学生们对于他的课很喜爱，进入课堂，就像他们涌进戏院去听外来名人的演说一样兴奋。来他的课堂上听课的，有很多是外系的、学法律的、学历史的、学医的，还有来自别的学校的学生。上课之前，很多人就已经占好了座位。课堂上人很多，有人就站在过道里，还有挤在门口和讲台旁边的。可以说在大学的课堂上这么受欢迎的不多。

但是在门捷列夫的心中，这些并不能使他满足。

他正在为他的内容丰富的新作《化学原理》做准备。有讲课速记做初稿，他写起来还是很方便、很快的，大学生们迫不及待地等候着这部著作的面世。可是这部空前的著作也不能使门捷列夫很满意，也许是这一切没有当初想象的那么好吧。

现在，对门捷列夫来说，化学里的秘密还是太多了。有时，他真觉得自己在这座森林里，只是从一棵树走向另一棵树，对于每一棵，做一点个别描写，可是

>>>

天才就是这样
　　终身努力便成天才

＊——门捷列夫

门捷列夫在讲课

这座森林里的树却有千棵、万棵……

那个时候，化学家们已知的元素一共有 63 种之多。其中每一种都能和其他物质化合成几十、几百，甚至几千种化合物，氧化物、盐、酸、碱。在化合物中，有气体，有液体，有晶体，有金属，有的无色，有的却闪闪放光，有的具有强烈的气味，有的重，有的轻，有的安静，有的不稳定，就是没有完全相同的物质。

然而世界上形形色色的物质，就算再多，化学家们也已经把它们研究得差不多了。

他们对其中的每一种了解得非常详细，也确切知道如何制备其中的任何一种，还有用什么方法最为经济。他们已经成功测定了每一种元素的颜色，结晶体的形状、比重、沸点和熔点等，这些都已经写在教科书和工作手册上了。他们把热和冷、高压和真空对于每一种化合物会起什么作用也研究得清清楚楚。每一种化合物如何与氧与氢起反应，如何与酸与碱起作用都已经研究明白了，还有怎样能把其分解，怎样又将其生成，甚至是反应时会产生多少热量。

要是把物质的化学性质都一一道来，那不是几个星期、几个月能够讲完的，可是奇怪的是这些知识掌握得越多，对于化学的认识反而会越来越少。在这片如此混乱的天地里没有一点规律，也没有系统可言。难不成组成世界的物质没有一点秩序吗？它们仅仅是偶然地组合在一起的？

门捷列夫在大学课堂上给学生们展开一幅描写物质统一的图，他想由此说明宇宙的物质构造的几条法则。遗憾的是自己还在这学海中遨游，还没有发现任何系统和逻辑。

确实是这样，众多千差万别的物质，可以用元素来简化成为为数不多的基本物质。但是，在已知的几十种元素中间，确实有些混乱、毫无秩序，并且还有一定的偶然性。

我们知道，金属镁和碳相比更容易燃烧，也知道白金放置几千年也不会有任何变化，可是氟气发生化学变化却很容易，常见的玻璃器皿也能被其迅速腐蚀。这其中的原因，我们一无所知。真的找不到一点规律！似乎这些元素具有相反的性质，如氟能够腐蚀玻璃，而氟在众多物质中又是显得最"柔顺"的，化学家们对此也是司空见惯的。

每一种元素所具有的一些特殊性质，好像都是物质的非常偶然的表现。看来组成物质的初级形态——元素之间并没有多大的联系。

那时大多数化学教授见到如此情形，并不觉得别扭。他们以为："如果组成世界的物质没有任何自然规律，那么，我们就按照自己最方便、最熟悉的顺序来排列这些元素。"讲到元素，大多数人一开始都会说氧。因为氧在自然界分布最广，也是最常见的。从其他角度看，应该从氢说起，氢在元素家族中分量是最轻的。如果从铁讲起，铁是元素中用处最大的。再往后是金，金是最贵的元素。要是从最少见的铟讲起，因为它刚刚被发现，是"年轻"一族。

这真是一座杂树丛生、没有任何秩序的密林，我们应该从哪里开始起步？从哪里开始有区别吗？这一切的一切，都是向前走了几步，就进入了死胡同。

门捷列夫不愿盲目地漫步在这座迷宫里。在他准备大学课本《化学原理》的时候，就打算把这种规律找到，找出一切元素都可以遵循的自然规律。他深信自然界中存在这样的规律，他深信虽然有不同种类的元素，但是这些元素之间一定存在可以遵循的规律。

门捷列夫就开始寻找这自然界中的规律和统一的法则。

33. 原子量

事实上，要想找到元素之间的规律并不须拥有多么高的智慧。

有很多双胞胎元素，三胞胎元素，这类元素不仅是戴维和本生所发现的"易燃"金属里才有的。经过大量实验发现，此外的很多元素中也有一定的相似元素，例如，氟、溴、碘属于卤族，镁、钙、锶、钡是碱土金属族。

而门捷列夫呢，他认定这种现象的存在不会是偶然的，其中一定有某种内在的规律性，在一切元素中间存在着某种联系，在元素里面都会有某种特征。既然认定了它们之间的类似，那就一定要找出它们之间的差距。想到这点后，世间所有元素以及其组成的无数的化合物，都可以十分整齐地排列起来，就像按照个子大小排队一样。

那么，元素的位置该如何确定呢？这些元素具有怎样的基本性质，又具有怎样的基本特征呢？

以颜色为依据排列怎么样？

可是，如何认识元素的颜色呢？就拿磷来说吧，有黄磷，有红磷。那么磷的原本的颜色是红的还是黄的呢？又如碘，固体的碘是深棕色的带有金属的光泽，可一加热，碘就变成紫色的蒸气。又如黄金，如果把黄金打成极薄的金箔，那就是蓝绿色，透明得和云母一样。

看来颜色仅仅是物质一种太不稳定的次要性质，不能用它来决定元素间的自然次序，更不能作为标准。

既然如此，拿比重试试吧！遗憾的是这比重更是变化多端，大多数物质只要对其稍微加点热，比重自然就发生了变化，会变小。

同理，像元素的导热性、导电性、磁性及其他别的性质都不是特有的。

很显然，我们要做的就是给每一种元素找到一种特有的标记，这种标记不会有任何变化，无论怎么变，都能够将其本质分辨出来。也就是说，这种重要的标记应该具备这样的特点，即这种元素和别的元素化合成多少种化合物，哪怕是具备了新的性质，也能够将这种元素找出来。

这样的标记能找到吗？这个问题在门捷列夫的心头萦绕，他每时每刻都在思索着，盘算着，比较着。

是的，这种标记是存在的。只是具有这样的特性的东西，门捷列夫知道它，所有的化学家也见过它。可是它太小了，小到往往被人们忽略了。

它就是"原子量"。

原子量是每一种化学元素都特有的。在实验中得到的原子量是一定的，任何情况都不会变。无论冷热，也不管元素化合成什么物质，无论物质颜色怎么变化，原子量是不会改变的。也就是说，原子量无论在什么时候，无论什么条件下，都不会改变。可以说它被认定为元素的"身份证"没有任何问题。

从一种元素的原子量来看，元素的原子，也就是组成元素最小的粒子，与最轻的氢元素来比较，其重量又是怎样呢？例如，氧的原子量是 16，那么，任何一个氧原子量都是氢原子量的 16 倍。金的原子量是 197，那么，金的原子量是氢原子量的 197 倍。

原子量是组成每一种元素的最简单的微粒原子的大小。

人们已经知道，同一元素的原子都是一样的。不同种元素之间的原子在大小和重量上都有一定的差距。那么元素的其他特性，应该由这种特性决定。

这个结论是门捷列夫对一切元素的性质进行仔细比较之后才得出来的。他知道也想到了，有了这么一个重要的标记，就能够把元素之间的规律弄清楚，能够帮人们找到打开物质世界统一性与规律性之门的那把金钥匙，只要在生活中善于思考，善于运用这把钥匙，问题就解决了。

然而，这一切还是比较模糊的，令人困惑。为了不让自己迷路，弄清楚元素间的联系，门捷列夫把厚纸板切成了 63 个方形小卡片，每一卡片上写好元素的名称，以及它的重要性质和原子量。然后用这些纸卡摆起元素的"牌阵"。也就是把这些小卡片分组摆起来，它们的位置可以变换，以此来寻找一般的规律性和元素共同遵守的统一的法则。从此不管是白天黑夜，在讲台上还是在实验室里，在街上抑或家中，他的脑海里都在想着这个元素之间的规律。

34．元素在队伍里

1896 年的春天就快来了，关于元素的自然规律系统排得已经差不多了。现在门捷列夫要做的是研究一下这个表的细节，之后向俄罗斯理化学会提出报告。他这个发现是令人震惊的。

原来，化学元素都可以以自然规律进行排列。在这个行列里排在最前面的是最简单的也是最轻的氢元素，氢的原子量是 1。最重的是原子量为 238 的金属铀，排在最后。这个排列是原子量由小到大的排列，元素的一切性质，如外形、稳定性，以及和其他物质化合的能力，还有它的这些化合物的性质，起决定作用的就是其在行列中的位置。

这是个有趣的现象，这些元素按照原子量的大小排列，又会自动形成一部分性质类似的组，也可以称之为同族的元素。

举个例子，这群人高低不同，也穿着不同颜色的外衣。初看时，这一切似乎是偶然的，花花绿绿的，没有任何规律可循。随着化学家们的一声令下，大家就会按照大小高低排好队。此时会出现意外的巧合，当把队伍排好，那些花花绿绿的表面现象也就消失了。队伍里的衣服颜色也出现了一定的重叠。第一排七个体重最小的人穿的衣服颜色的顺序是红、橙、黄、绿、青、蓝、紫。第二排的七个人的衣服颜色依旧如此，第三、第四排，直到最后最大的七个人也是这样。

也就是说每隔七个人，外表的颜色会重复一次。要是把第二排七个人排在第一排七个人的后面，第三、第四排的七个人都是依次排列，那么，呈现出的就是红、橙、黄等七个小队。同时，这里的整队中又是严格按照身量的高低看齐，换句话说，前一排左边那人身量最低，后排右边的那人身量最高。

当门捷列夫把元素按照原子量排列好之后，在元素中发现的次序就和上例差不多。

门捷列夫认为元素的性质，就会出现一次重复。他把具有类似性质的元素排在一列中，叫作同族元素。

举个例子，元素锂的原子量为 7，是氢后面第二个元素。而原子量为 23 的钠元素则是氢后面第九个元素。钠和锂都是金属，同样很轻，都非常活泼，还易燃，它们都非常容易和其他元素化合，而钾的原子量是 39，是第十六个元素，钾同样也是轻且易燃的，再向后面看，每经过一个有规律的周期，就会有一种碱金属排在这一族里：先是铷（原子量为 85.5），后是铯（原子量为 133）。

同族里面的金属元素中，元素的性质是逐渐发生变化的。锂最轻，同时它也是最"安静"的。把锂放到水中，只是发热，仅仅发出咝咝声，它不像钾或铯那样能着火，可以说锂在空气里比同族其他的兄弟生锈会慢一些。那么钠呢？和锂相比更活泼，钾比它俩更活泼，至于行尾最重的铯，就比其他的任何弟兄都更容易与别的物质化合。铯在空气里一秒钟都无法存在，燃烧是必然的。

把元素分成性质类似且有亲缘关系的家族，同一族里的元素性质，甚至是它们的无数化合物的性质，都是按照规律而逐渐演变，也就是这些性质是随着原子量的递增而渐变的。

如此一来，乍看杂乱无章的物质世界，已经不那么乱了。就算外在的多样性是偶然的，门捷列夫却在其中看出了内在一致性，铁一般的规律。他给这种规律取名为周期律。

35. 是化学还是相术

在门捷列夫之前，没有哪个化学家能发现这个元素间的规律，这是为什么呢？

初看这个表，并没有什么奥妙吧！元素仅仅是按照原子量的大小排列，周期律自己就出现了。这件事看起来不是太难吧？这和按照字母的顺序排列元素差不多啊！如此简单的道理，怎么是由门捷列夫一个人发现了呢？

其实，其他化学家也曾经考虑过。经过尝试之后，能发现其中的周期律，并且利用这一规律进一步发展科学的，就只有门捷列夫一个人了。事实上，这件事看起来很简单，真的做起来哪有那么容易啊！

一直以来化学家们都在寻找元素之间的真正联系，已发现的也是乱成一团，要想把其中的头绪理清楚是很难的。举个例子来说，这东西好比被译成了"密码"，要真正认清其中复杂的化学密码，没有极高的智慧和极丰富的想象力是做不到的。

假想有一位侦察员，无意中截获了一份重要的有密码的文件，同时也有关于密码的解法。于是他迫不及待地要解密这份秘密文件的内容。可是，在他着手翻译的时候，发现被骗了。那个关于密码的破解方法并不合适。有很多符号的顺序弄错了，有些内容根本就找不到，按理说 31 个字母应该有 31 个符号吧，可是解法里只有 25 个或 20 个符号乃至更少。例如第一个符号代表 А，第二个符号呢？应该代表 Б？还是 Г 呢？这没法猜测。这些中断的符号对于解法来说没有一点作用，后面的一切需要用什么来代替，那是无法确定了。

在门捷列夫发现周期律时，遇到的困难和上述相同。

把元素按原子量的大小排列，可是这其中元素的原子量计算得准确吗？当时的科研条件有限，难免出现错误，那些错误也是在后来才发现的。当时的门捷列夫自然不知道了。于是，门捷列夫就给元素带上独有的"身份证"，将它们排好位置。如此一来，元素先前的顺序自然乱了，那些由性质相似的元素所组成的族也受到了破坏，在各族内部，因为"外来人"的闯入，已经乱了。

实际上"缺少的密码"引起的混乱比想象的还要大。当时门捷列夫所知的元素仅有 63 种，自然界中还有没有其他元素他还不知道。通过给元素穿上带有颜色的外衣，依据其自身分量排好队，我们设想一下有五人或十人在排队之前逃离队伍，那时，所有的都被搞乱了。要是把各种颜色掺杂在一起，原来井井有条的交替现象不会再出现。

门捷列夫给元素排列这张表很不容易。那些元素像是未接受过训练的新兵，挤在一起，队伍也是乱成一团。门捷列夫是位了不起的天才，他把这些新兵都安排在属于他们的真正位置。有地方发生了混乱，他就要站出来维持秩序。

例如第 4 号元素硼和第 11 号元素铝下面的是第 18 号元素钛。它们之间有 6 个元素，这是一个完整的周期，看上去很有规律。可是就性质来说，钛在硼和铝这一族中，显然是个"外人"，它的位置，应该是在相邻的碳族里，门捷列夫只有把钛从第 18 位上拿走。

"这个位置上应该站着一个未知的元素！"他肯定地说。

门捷列夫把这里留空。跳过去，钛就被归类到碳族中了。那么，钛元素以后呢，那就全部按照原子量的顺序一个一个排下去，队伍没那么乱了。

门捷列夫在未知的位置上留空，把各种元素安排到表中各自的位置上，这个周期律才会有一定的规律可言。

即使这样，新的问题又来了，门捷列夫并没有让周期表上的空白处空着，而是将空着的位置留给那些还未被发现的元素，但是名字亦命好了，相应的性质也已经猜测出来。

他自己给它们取个名字叫埃卡硼，也就是硼加一（埃卡：在梵文里是一的意思），埃卡铝，埃卡硅。他依据元素周期律也对这些人们不知道的元素进行猜测，如它们的性质如何。甚至也猜测了它们的形状、原子量以及它们同别的元素化合而成的物质的性质。

这些预言不是凭空想象，更不是什么超自然的能力，那些空格里的元素也是处于相应的家族中。虽然还没有人能看见它们，可是依据同家族中那些已知的元素性质，是可以把相应的未知元素的性质猜测出来的。

这些都是以门捷列夫发现的周期律是正确的为前提。在其他的化学家看来，这种凭空臆想的能力也太不可思议了。

"臆测一些不存在的元素，元素你还不知道究竟有没有，你还把这些未知元素的性质说得那么清楚，还把你的这些猜想写进精密的课本里，你胆子太大了！此处所说的精密，仅限于实实在在的物质，没有见过，没有接触过的，就不是事实啊。你把这些杜撰的东西也要宣传出去，你这还算得上是科学吗？那么这是化学呢，还是江湖相术？你这是科学著作呢，还是一本预言书？"

当得知门捷列夫的说法的时候，大多数科学家是在批评他，以往所发现的新元素，都是看到了以前没有见过的现象，通过缜密的科学研究之后才能确定这种元素的存在。可是，门捷列夫竟然编了一张不完整的表，还声称在表格的空白处那里是一些未知的元素，更能想象的是把这些还不知道到底存不存在的元素的性质都说得头头是道。没有足够的证据，是没法说服人们认可他的。

这样几年的时间过去了，门捷列夫的周期表中的空格依旧是空着的，站在那里的元素依旧是当初臆想的元素。人们对于这张表并不重视，慢慢地也把它忘记了。

36. 预言陆续应验了

直到 1875 年 9 月 20 日，巴黎科学院召开例会的日子。院士伍尔兹做了重要报告之后，又代表他的学生列科克拆阅一份三星期前转交科学院的文件。文件拆开了，里面是列科克写的一封信，这封信被当众宣读。

"前天，1875 年 8 月 27 日，凌晨 3~4 时，我在比利牛斯山皮埃耳菲特矿山所产的闪锌矿中发现了一种新元素……"信上这样说。

这是关于新元素的好消息，整个化学界已经很久没有新元素的信息了。

列科克擅长用光谱分析术来分析化学物质。这是他花费了好几年时间才练就的方法。

经过几年的努力，现在终于有了辉煌的成就。他"抓"住了一种从未见过的紫色光线，毫无疑问，这是一种新元素。

8 月 27 日晚，他收集到了极少的几滴锌盐溶液，并从里面发现了极其微小的，小到只能在显微镜下看见的一粒新元素。因此，列科克不敢草率地把这件事向世界公布。可是为了保留首次发现的权利，他就预备了一个火漆印封的纸包，也就是寄到科学院伍尔兹院士手里的这封信。

这封信是在有了新发现三个星期之后寄出的。这时，他手上已收集到了整整 1 毫克的这种未知物质。可以负责任地说当初的发现没有错误，这种物质就是一种新元素！

他建议把这新元素命名为镓，以此纪念他的祖国（镓的拉丁文是法国古时的名称）。

列科克的信里还说，他正继续研究，等有了结果再向科学院报告。现在他的手中已经有关于这种元素的性质的报告了。如果按化学性质来看，镓和已知的铝元素很相似。

当在圣彼得堡的门捷列夫听闻巴黎科学院的会议记录的时候，好似晴天霹雳，让他大吃一惊。

这位法国先生在比利牛斯山中发现的东西，算不上是新元素！门捷列夫早在五年前就发现了它：就是埃卡铝！门捷列夫的预言被证实了。他曾经所说的"埃卡铝是一种易挥发的物质，将来会有人利用光谱分析术把它查出来"，这也应验了。

这件事就是一个奇迹。门捷列夫看见自己曾经的预言成为现实，很是震惊。

于是他马上给巴黎科学院写了一封加急信：

"镓其实就是我五年前预言的埃卡铝。它的原子量是 68 左右，比重在 5.9 上下。请你们好好研究一下，看看我说的对不对……"

现在全世界的化学家都紧张地注意巴黎科学院的会议记录了。这太有意思了：一位坐在圣彼得堡的书房里的科学家做预言，另一位则在巴黎摆弄他的烧瓶和烧杯，使用精密的仪器做实验，却把那位科学家所做的预言给证实了。

然而列科克经过多次实验，对于镓的比重问题和门捷列夫发生了争论。他提纯了一块新物质，有 1/15 克重，已经是够"大"了，用它来测量元素比重，结果比重等于 4.7。

门捷列夫在圣彼得堡依旧自信地说："你的不对！一定是 5.9，你看看你那物质是不是不够纯，请你仔细地再查一下。"

列科克又查了一下，使用了一块更大的物质。其结果令人惊讶："没错，门捷列夫先生，您是对的，镓的比重确实是 5.9。"元素周期律在沉寂几年后终于取得了一次胜利。之后又有了不断的胜利。

尼尔生和克勒维是生活在斯堪的纳维亚半岛上的两位科学家，几乎同时在稀有的矿物硅铍钇矿中，发现了一种新的元素，给它取名为钪（钪就是斯堪的纳维亚的意思）。还没有来得及研究其性质，就发现：这个新朋友竟然是"老相识"。它就是门捷列夫当年在周期表上预测的第 18 号元素埃卡硼！

门捷列夫的周期表最辉煌的胜利是在 1885 年，当德国科学家温克勒在希美尔阜斯特矿山的含银矿石中发现了一种新元素的时候，温克勒给它取名为锗（日耳曼的意思）。

这个锗就是周期表预言的第 32 个空格的埃卡硅。当初的预言和发现的完全一样，性质竟吻合到令人难以相信的程度。这个故事是这样的：

门捷列夫在1870年预言，碳和硅家族中还有一种新元素，它是深灰色的金属。

十五年后，温克勒在弗莱堡附近的矿山里发现了一种新元素，其性质与碳和硅十分相似，还具有深灰色金属光泽。

"它的原子量是72左右。"门捷列夫当初预言。

"原子量是72或73。"温克勒在十五年后的实验证实。

"比重应该在5.5左右。"门捷列夫说。

"5.47。"温克勒证实。

门捷列夫："这一新元素的氧化物，具有很高的熔点，就算用烈火烧它都不会熔化；它的比重应该是4.7。"

温克勒："完全是这样啊！"

门捷列夫："新元素的氯化物，比重约是1.90。"

温克勒："这也是正确的，比重是1.887。"

此外，还有许多吻合之处，这里就不再细说了。

37. 在"空白点"结束了

自此,当年被认为是空想的元素周期律被人们接受了。这让人们清楚地看出,那些简单物质之间的自然规律不是偶然的:物质之间的一切形态,确实存在着密切的联系和规律。

以前,化学家们无法得知世间究竟有什么元素,更无法预测,每当发现新元素时总会兴奋不已。现在,因为门捷列夫的贡献,宇宙之中的物质构造已经十分明确了。元素周期表在化学家的元素世界里,就像精确的地图在地理学家那里一样,让人们对所研究的领域更有把握。

有了精确的地图做参考,地理学家不会在大西洋上纽芬兰和爱尔兰之间盲目地寻找未知岛屿,同样也不会在南美洲巴姆巴斯山上寻找山脉。道理很简单,他知道那些地方没有岛屿或山脉。化学家们有了门捷列夫的周期表做参考,也得到了一样的指示,他们没有必要在钠与钾中间再苦苦寻找了,钪和钛之间也不会存在任何元素。化学科学又进入了一个崭新的时代。

自从化学家们有了门捷列夫元素周期表,就能够判断这个世界上一共存在着多少种元素,也可以去推断一些未知的元素的性质,只是它们还躲在地球上某个偏僻角落里的稀有矿石中没有被找到而已。物质世界中的"空白点"也在逐渐被填满,科学家们也知道去哪里找和如何去寻找了。

道理虽然这么说,意外还是会出现。

前面提过的那个神神秘秘的太阳元素氦,没有忘记吧?

这种物质发生了什么样的事情呢?在门捷列夫周期表中有它的位置吗?也许门捷列夫在这个元素还"缺席"的情况下,已经把它的性质预测过了,就像它对镓、钪或锗所做的预测吧?

不是的,门捷列夫对这种神秘的太阳元素是怀疑的。他认为那未知黄线是某种已知元素发出的，是铁，也可能是氧。他觉得，很有可能是因为太阳里温度太高了，压力太大，元素发射的光与在地球上的不一样。氦的哑谜戳穿之日还是来了，科学史上忘不了那一天。那时门捷列夫还活着。那天，他受到了巨大的震动，事实上，也正是那一天，他也得到科学史上最伟大的胜利。

周期律被证实让门捷列夫享有国际至高的荣誉。在国外，许多大学都授予他名誉博士的学位，他也成为许多科学和学术团体的会员。英国科学家邀请他去伦敦做公开的法拉第演讲，这种演讲，按照英国的惯例是只有世界上最伟大的科学家才有资格做的。英国还授予他戴维金质奖章。

这好像都是外国给予的荣誉，他的祖国呢？门捷列夫生活的是残暴而又落后的专制国家，因此，门捷列夫在国内并没有得到任何荣誉。更糟糕的是，沙皇的走狗们还对这位伟大的化学家肆意侮辱。

在俄罗斯帝国科学院的选举中，门捷列夫连候选人的资格都没有。结果，这位最有才能的俄罗斯科学家没有当上院士。再后来，沙皇政府的部长捷里亚诺夫甚至把门捷列夫赶出大学，原因是门捷列夫"胆大包天"，竟敢替学生们转递改善大学制度的请愿书。于是这位举世闻名的伟大的科学家，连自己的实验室都没有了，研究工作无法继续。

即使这样，门捷列夫并不消沉。他有满腔的爱国热血，他想把自己的力量和才能全部贡献给自己的祖国。可是，他一生都没能实现自己的抱负。

那时，高加索的石油工业逐渐走向繁荣。门捷列夫曾多次谈到石油这种化学产品的宝贵性，应合理利用。他说，你用石油来烧锅，就等于是用纸币烧锅。他提出用科学方法开采和加工石油，可是没有人能够听进去他的建议。企业主们像强盗一样开采了石油，糟蹋着这世界上最宝贵的资源。

门捷列夫希望俄国加强化学工业的建设。但是直到十月社会主义革命的前夕，俄国也就只有几家小型化工厂，机器的功率很小，其设备也不完善。

门捷列夫一直想研究同温层，有一次，他不顾驾驶员的劝阻，独自一人乘气球升入空中。他要征服北冰洋和大北海道，而且也草拟了破冰船的计划。当他来到乌拉尔煤矿区之后，门捷列夫提出了地下天然气的想法：他建议把煤直接变成气化的燃料，这样可以减轻矿工们的开采劳动。

他的这些美妙的想法和计划，没有人支持。那时在沙皇政府的统治下，官吏们和资本家们只对高官、肥缺、暴利感兴趣。至于祖国的福祉与未来，科学技术发达与否，并不是政府官员们关心的。

在门捷列夫去世多年以后，社会主义革命改造了落后的俄罗斯，这位俄罗斯伟大的科学家曾经的理想才开始逐渐变成现实。